北京市科协青年科技人才出版学术专著计划资助

干旱区水资源分配理论及流域演化模型研究

王学凤　王忠静　宋文龙　编著

中国水利水电出版社
www.waterpub.com.cn
·北京·

内 容 提 要

干旱区流域生态环境问题是表层地球环境脆弱性的具体表现，涉及水循环系统、生态环境系统和社会经济系统相互作用的流域复杂系统演化问题。流域系统的演化取决于实际的水资源分布状态，本书试图从水资源分配理论着手，研究如何在制定水权制度的同时，预测实际水资源分配、社会经济和生态环境效应，预见流域演化方向，实现对流域系统的宏观调控。

本书适合水利工程、水资源、水安全以及资源环境等专业的研究者使用，亦可作为大专院校本科生和研究生的参考书。

图书在版编目（ＣＩＰ）数据

干旱区水资源分配理论及流域演化模型研究 / 王学凤，王忠静，宋文龙编著. -- 北京：中国水利水电出版社，2017.12
ISBN 978-7-5170-6237-0

Ⅰ．①干… Ⅱ．①王… ②王… ③宋… Ⅲ．①干旱区—水资源利用—分配理论 Ⅳ．①TV213.9

中国版本图书馆CIP数据核字(2017)第327496号

书　　名	**干旱区水资源分配理论及流域演化模型研究** GANHANQU SHUIZIYUAN FENPEI LILUN JI LIUYU YANHUA MOXING YANJIU	
作　　者	王学凤　王忠静　宋文龙　编著	
出版发行	中国水利水电出版社 （北京市海淀区玉渊潭南路 1 号 D 座　100038） 网址：www.waterpub.com.cn E-mail：sales@waterpub.com.cn 电话：（010）68367658（营销中心）	
经　　售	北京科水图书销售中心（零售） 电话：（010）88383994、63202643、68545874 全国各地新华书店和相关出版物销售网点	
排　　版	北京图语包装设计有限公司	
印　　刷	北京虎彩文化传播有限公司	
规　　格	170mm×240mm　16 开本　10 印张　185 千字	
版　　次	2017 年 12 月第 1 版　2017 年 12 月第 1 次印刷	
定　　价	**40.00 元**	

摘　要

　　干旱区流域生态环境问题是表层地球环境脆弱性的一个具体表现，涉及水循环系统、生态环境系统和社会经济系统相互作用的流域复杂系统演化问题。流域系统的演化取决于实际的水资源分布状态，本书试图从水资源分配理论着手，研究如何在制定水权制度的同时，预测实际水资源分配、社会经济和生态环境效应，预见流域演化方向，实现对流域系统的宏观调控。

　　借助势能的一般概念，本书提出了水资源势能概念，它包括水资源流动性的地理势能、水资源竞争性的效率势能和水资源公共性的制度势能。应用势能理论的基本规律解释水资源分配规律，提出水资源分配理论。根据水资源流动特性，推导水资源分配基本方程。

　　根据地理势能、效率势能和制度势能所发挥的作用，结合水资源在社会经济系统和生态环境系统中的消耗比例，以及社会经济系统中农业和工业水资源分配增长比例，划分了水资源分配的生态安全、生态临界-农业增长、生态临界-工业增长、生态破坏-农业增长、生态破坏-工业增长和生态恢复等 6 个阶段，并分析了 2000 年全国 71 个二级流域水资源的分配状态。

　　以制度势能为基础，建立了水资源使用权分配多人多准则协商模型。将水资源分配理论和水资源使用权分配协商模型结合，采用系统动力学方法建立集水资源自然循环和人工调控、社会经济系统自由竞争和有限发展为一体的流域系统演化模型，实现了对水资源在不同条件下区域分配规律的描述，可以预测流域系统的演化趋势。

将流域演化模型应用于石羊河流域，分析水资源分配不同情景下的流域演化方向及社会经济发展趋势，结果表明：实施水资源使用权制度对石羊河流域上游地域经济社会发展将具有一定制约作用，对下游区域将产生积极作用；总体上实施水资源使用权制度比不实施水资源使用权制度要好，越早实施水资源使用权制度越好，实施水资源使用权制度有利于全流域的可持续发展。

Abstract

The eco-environmental problem in arid region is a representative of global environment vulnerability, which is related to the intricate basin evolution involved in the interaction between water cycle, eco-environment and economy. The book starts with water allocation theory and study when carrying out water rights system, how to forecast the impact of actual water allocation on the society, economy and eco-environment and how to foresee the basin evolution orientation.

The water resources potential energy is presented made up of geographic, efficient and institutional potential energy. The water allocation rule is explained using potential energy theory; thus, the water allocation theory is brought forward. The basic equation of water allocation is derived from flow characteristic.

According to water consumption ratio in socio-economic and ecological environment and the allocation in agriculture and industry, the water allocation stage is divided into Ecological-Safe Stage, Ecological Limit-Agriculture Increase Stage, Ecological Limit-Industry Increase Stage, Ecological Destroy-Agriculture Increase Stage, Ecological Destroy-Industry Increase Stage and Ecological Rehabilitation Stage.

Based on the institutional potential energy, the negotiating model on water rights allocation is established. The negotiating model on water rights allocation is integrated into water allocation theory to establish the basin evolution model. The basin evolution model can describe the water allocation under different condition and forecast the basin evolution orientation.

The basin evolution model is used in Shiyang River basin to forecast the socio-economic development and the results show: water allocation system plays a negative role in the upper reaches and positive impacts on the lower reaches and water rights system should be implemented as early as possible so as to realize the sustainable development.

前　　言

　　水是生命之源、生产之要、生态之基。水利是国民经济社会发展的重要基础设施，不仅直接关系防洪安全、供水安全、粮食安全，而且关系到经济安全、生态安全和国家安全。随着经济社会快速发展和气候变化影响加剧，在水资源时空分布不均、水旱灾害频发等老问题仍未根本解决的同时，水资源短缺、水生态损害、水环境污染等新问题更加凸显，新老水问题相互交织，已成为我国经济社会可持续发展的重要制约因素和面临的突出安全问题。

　　长期以来，干旱区的社会发展和经济增长都是伴随着对水资源的开发利用而进行的，水资源开发利用方式经历了从单纯利用地表水、联合利用地表地下水到强调提高水资源利用效率的三个发展阶段，这些措施在极大地改变着流域水资源循环规律的同时，也促进和影响着区域社会经济发展以及生态环境格局。如何在水资源短缺地区保证水资源的可持续利用和生态环境与社会经济的稳定，是当今的研究热点之一。

　　我国干旱区流域生态环境问题，是表层地球环境脆弱性的具体表现。这个问题可以概括为以水循环系统、生态环境系统、经济社会系统密切相关且相互作用的复杂系统演化问题。从宏观表象上讲，可以将其描述为：流域水循环与分布，养育着干旱区唯一适合人类社会生存的绿洲；以绿洲为基础的干旱区经济社会发展，持续改变着流域水循环方式和水资源分布；水循环方式和水资源分布的改变，不断影响着绿洲环境状态，进而影响着经济社会的发展及其水资源开发利用状态,形成复杂的动力演化过程。

流域系统的演化取决于实际的水资源分布状态,本书试图从水资源配置理论着手,研究如何在制定水权制度的同时,预测实际水资源配置、社会经济和生态环境效应,预见流域演化方向,实现对流域系统的宏观调控。本书尝试将自然科学和社会科学相结合,以探讨水资源配置理论和管理的新思路。

本书共分为7章:第1章概述,包括研究背景、水资源配置研究综述、水资源使用权研究基础、研究思路和主要内容;第2章水资源配置理论,包括水资源配置动力概述、水资源势能理论、水资源配置理论、水资源配置理论用途;第3章水资源配置阶段划分,包括水资源配置阶段划分、水资源配置阶段特征、全国二级流域分析、典型流域实证分析;第4章水资源使用权配置协商模型,包括配置尺度、配置原则、模型介绍、模型求解、权重系数、模型检验;第5章流域演化模型,包括系统动力学概述、流域演化系统分析、流域演化模型建立;第6章石羊河流域演化预测分析,包括流域概括、水资源使用权配置、演化模型参数率定、流域演化方向预测;第7章总结与展望,包括研究成果、主要创新点、工作展望。

本书在编写过程中,得到清华大学翁文斌教授和赵建世教授的大力支持和帮助。本书的出版得到了国家自然科学基金"干旱区水权转移效应及其水资源可持续利用规划应用基础(90302007)"以及北京市科协青年科技人才出版学术专著计划资助。在本书出版之际,特向支持和帮助过本书编写与出版工作的有关人员致以衷心的感谢!

干旱区水资源分配理论与流域演化模型研究是一个极其复杂的系统工程，尤其是水资源分配理论尚处于探索阶段。由于时间和作者水平有限，书中难免有些疏漏或不足，恳请广大读者予以批评指正。

编著者

2017 年 12 月

目 录

第1章 概述

1.1 研究背景

长期以来，干旱区的社会发展和经济增长都是伴随着对水资源的开发利用而进行的，水资源开发利用方式经历了从单纯利用地表水、联合利用地表地下水到强调提高水资源利用效率的三个发展阶段，这些措施在极大改变流域水资源循环规律的同时，也促进和影响着区域社会经济发展以及生态环境格局。

然而，随着人们对水资源的需求和开发利用日益提高，世界许多地区特别是干旱地区的水资源出现严重短缺，产生了水资源过度开发的状况，引发了一系列社会问题，如地下水降低、植被退化、河道断流、绿洲搬家以至绿洲消亡等。近些年来，这些干旱区发生的问题已开始扩散到半干旱区域，如黄河断流即是显著的征兆之一。如何在水资源短缺地区保证水资源的可持续利用和生态环境与社会经济的稳定，是当今的研究热点之一。

中国西部干旱区流域生态环境问题，是表层地球环境脆弱性的一个具体表现。这个问题可以概括为以水循环系统、生态环境系统、经济社会系统密切相关且相互作用的复杂系统演化问题。从宏观表象上讲，可以将其描述为：流域水循环与分布，养育着干旱区唯一适合人类社会生存的绿洲；以绿洲为基础的干旱区经济社会发展，持续改变着流域水循环方式和水资源分布；水循环方式和水资源分布的改变，不断影响着绿洲环境状态，进而影响着经济社会的发展及其水资源开发利用状态，形成复杂的动力演化过程。

流域系统的演化取决于实际的水资源分布状态，本书试图从水资源分配理论着手，研究如何在制定水权制度的同时，预测实际水资源分配、社会经济和生态环境效应，预见流域演化方向，实现对流域系统的宏观调控。本书希望将自然科学和社会科学相结合，尝试探讨水资源分配和管理的新思路。

1.2 水资源分配研究综述

水资源分配研究是水资源规划和水资源开发利用的基础性工作，本节首先对水资源分配内涵、方法和模式进行总结评述；接着，分析干旱区水资源分配特点；最后，对现阶段水资源分配研究进行小结。

1.2.1　水资源分配内涵

资源分配，就是资源投入的方向和分派。任何资源的分配都离不开对供需双方的有效调控。资源分配的核心就是在有限的资源供给条件下和高涨的需求状态下对资源的供给和需求进行合理的调控，以追求资源利用效益的最大。

水资源分配概念最早出自 20 世纪 80 年代 N Buras 所著的《水资源科学分配》，其中系统总结了水资源分配理论与方法；其后由联合国出版的《亚太水资源利用与管理手册》对区域水资源分配方法给予具体论述。水资源分配是指在特定的流域或区域范围内，遵循公平、高效和可持续利用的原则，通过各种工程与非工程措施，按照市场经济的规律和资源分配准则，对多种可利用水源在区域间和各用水部门间进行分配●。

1.2.2　水资源分配方法

水资源分配常用的方法有两种：一种是根据预先设定的管理水资源分配和基础设施操作的规则对水资源行为进行模拟，这是模拟方法；另一种是根据目标函数和相关约束对水资源的分配和基础设施进行优化和选择，称为优化方法。

1.2.2.1　模拟方法

系统模拟的定义是"模拟一个系统的本质或活动,但并非是真实实体的本身"。对于任何一个与自然生态、社会经济等密切相关的水资源系统，都不可能事先做出真实的系统进行试验选择，即使对于现有系统，考虑到时间、成本及后果，也不能利用它来进行试验。

模拟方法是评估一些情况下的系统反映的首选方法，包括极端的和不平衡的状态，系统组成部分最薄弱的环节和评估系统在可能跨越数十年的可持续发展准则集合相联系情况下的运行情况。具体来讲,模拟方法扮演了一个评判者的角色,用来评估水资源系统在全球气候变化、干旱和用水优先权的不断改变等情况下的系统运行状态。

F. Reitsm 等提出基于面向对象技术模拟水资源实际过程的多准则模拟评价模型。K haled 等提出了水资源系统符合面向对象技术思想的天然特点，分析了面向对象编程技术（OOP）在水资源管理模型中应用的优势。国外一些专业研究机构

● 这里采用《全国水资源综合规划技术细则》（试行）中水资源配置的定义作为水资源分配的定义。

也推出了各种商业化的水资源规划管理软件，如 MODSM、MIKBASIN、EMS 系统、IQQM、Waterware 等，也都以水资源系统模拟为基础。

1.2.2.2　优化方法

优化方法是在一定的约束条件下寻求合理的决策方案，使系统的总体效果达到最大。优化方法的特点是可以在水资源系统中考虑社会价值问题，由目标函数和约束组成的优化方法必须有模拟部分，但模拟部分只是计算总体的水量平衡。

采用优化方法建立的优化模型有两种基本类型：一种是水文优化模型，模型的目标是在水文规范的要求下优化分配部门内部的水资源；另一种是经济优化模型，通过水资源的优化配置，优化部门间的水资源分配。

20 世纪 70 年代以来，伴随着数学规划的发展及其在水资源领域的应用，采用优化方法进行水资源分配的研究成果不断增多。1985 年，G Yeh 对系统分析方法在水库调度和管理中的研究和应用作了全面综述，他把系统分析在水资源领域的应用分为线性规划、动态规划、非线性规划等；荷兰学者 E. Rom 建立了 Gelderlandt Doenthe 的水量分配问题的多层次模型；Vedula、Mujumdar 和 Vedula、Kumar 建立了简化的动态随机规划模型来最小化干旱条件下的粮食减产；Ponnambalam 等用多级准优化动态模型来优化多个水库的调度；Babu 等提出了严格经济优化方法的数学方程；McKinney 等和 McKinney 等建立了水文政策分析工具并应用于水资源分配决策。

1.2.2.3　模拟与优化方法结合

优化方法通常能给出问题的最优解，但是由于水资源系统是一个复杂巨系统，包括社会、经济、生态环境等子系统，有些问题难以量化且不可公度，这时，优化方法通常难以建模和求解。因此，对于这类非结构化的问题，模拟方法能够较好地模拟、分析和预测。因此，某些学者将模拟方法和优化方法结合以解决实际问题。

翁文斌等将区域水资源规划纳入宏观经济范畴，建立了区域水资源规划多目标集成系统；Lee 等建立了科罗拉多河流域的水盐平衡，用于优化制定区域的农业和市政工业用水的最大净回报；Tejada-Guibert 等建立了一个重点考虑在不确定径流和需求情况下最大化水力发电的优化模型；Faisal 等把综合的水资源系统模拟优化模型应用到地下水流域。

本书中，水资源使用权的分配（第 4 章）采用了优化方法——遗传算法，对水资源使用权分配协商模型进行求解；流域演化模型的建立（第 5 章）采用了能分析信息反馈系统的模拟方法——系统动力学方法。

1.2.3　水资源分配模式

国际上所进行的流域水资源分配行为和所依赖的分配模式可分为以边际成本价格进行水资源分配（MCP）、以行政管理手段的公共（行政）水资源分配（P/AWA）、以水市场（WA）运行机制进行水资源分配和以用户进行水资源分配（UA）等，因此现行水资源分配模式主要包括：市场分配、行政分配、用户参与式分配以及综合分配模式。目前，国外对水资源分配模式的研究主要考虑水资源产权界定、组织安排和经济机制对分配效率的影响。

我国水资源分配模式经历了以需定供的水资源分配模式、以供定需的水资源分配模式、基于宏观经济的水资源分配模式和可持续发展的水资源分配模式四个阶段。

（1）以需定供的水资源分配。认为水资源是"取之不尽，用之不竭"的，以经济效益最优为唯一目标，以过去或目前的国民经济结构和发展速度预测未来的经济规模，通过该经济规模预测相应的需水量，并以此得到的需水量进行供水工程规划。这种模式由于是以需定供，因此，没有体现水资源价值，毫无节水意识，不利于节水高效技术的应用和推广，必然造成社会性的水资源浪费。

（2）以供定需的水资源分配。以水资源的供给可能性进行生产力布局，强调资源的合理开发利用，以资源背景布置产业结构。这种方法在可供水量分析时与地区经济发展相分离，没有实现资源开发与经济发展的动态协调，可供水量的确定显得依据不足，并可能由于过低估计区域发展的规模，使区域经济不能得到充分发展。

（3）基于宏观经济的水资源分配。结合区域经济发展水平并同时考虑供需动态平衡的一种水资源优化分配模式。

（4）可持续发展的水资源分配。协调资源、经济和生态环境的动态关系，追求可持续发展的水资源分配模式。目前我国关于可持续发展的水资源分配模式主要问题是理论探讨多，实践应用少。

可以看出，无论是采用以需定供、以供定需、基于宏观经济的分配模式还是采用可持续发展的分配模式来分配水资源，都存在一个共同缺点就是没有考虑实际的水资源走向。水资源分配的本质是：受到地理动力、效率动力和制度动力的影响，不同用水对象的水资源势能不同，从而引起水资源的分配。水资源的分配就是水资源由水资源势能高的状态向水资源势能低的状态运动，最终达到水资源势能的动态平衡。

1.2.4 干旱区水资源分配特点

干旱区水资源分配的典型特征是：由于降水较少，生态脆弱，需要考虑生态用水和经济用水的合理分配问题。因此，在决策服务对象上，不再单纯考虑社会经济系统，需要同时考虑社会经济系统和生态环境系统；在决策目标上，不再单纯追求经济效益最大化，需要考虑经济效益与生态效益之和最大化。

干旱区水资源分配无论在供给还是在需求方面，与其他地区水资源分配都有一些不同。在水资源供给方面，主要有两点显著不同：一是在干旱区，生态脆弱地区的可利用水资源量既是生态系统变化的驱动因子，又是生态系统演变的函数；二是干旱区生态比较脆弱，生态需水比例大，因此，不仅需要分配经济用水，而且需要考虑生态用水，并在二者之间进行合理分配。在水资源需求方面，也有两点显著不同：一是水资源作为承载主体，不仅要承载社会经济系统的发展，还要承载生态环境系统的良好生存状态；二是需要考虑经济系统和生态系统内部结构变化引起的水资源需求变化。

1.2.5 水资源分配研究小结

1.2.5.1 水资源分配存在的问题

从上述分析可以看出，国内外对水资源分配主要从方法和模式上进行研究，这些研究丰富了水资源分配研究基础，但没有揭示水资源分配本质。

目前水资源分配研究存在的主要问题有：

（1）从水资源分配内涵可以看出，水资源分配遵循公平、高效和可持续性原则，按照市场经济规律和资源分配准则，对可利用水资源进行分配，这是从"优化"的角度人为对水资源进行分配，不能揭示水资源分配的本质。

（2）采用模拟方法和优化方法建立水资源分配模型对水资源进行分配，是水资源分配建立模型时所采用的方法，不能反映水资源分配规律。

（3）无论是以供定需、以需定供、基于宏观经济还是可持续发展的水资源分配模式，都是水资源分配的途径，即无论是先确定供水量，还是先确定需水量，都不能预测实际的水资源运动方向。如果要预测水资源运动方向需要详细研究和较多数据。

1.2.5.2 水资源分配发展方向

根据上述分析，要解决这些问题，需要寻求一种新思路和新方法来研究水资源分配。未来，水资源分配机理研究是一个必然的发展方向。水资源分配理论应该从以下方面寻求突破：

（1）水资源分配变化存在着某些动力，这些动力影响着水资源的分配。

（2）将其他方法和理论应用于水资源分配研究中，建立一种新的水资源分配理论来揭示水资源分配本质，该理论是一种简化的概念性理论。

（3）推导出水资源分配的基本方程，方便计算和分析水资源分配量在时间上、空间上的变化方向。

（4）仿真水资源、社会经济、生态环境和制度等子系统，建立水资源-社会-经济-生态环境-制度反馈模型，分析水资源子系统和其他子系统的相互作用和相互影响关系。

（5）在干旱区，分配水资源和建立水资源使用权制度时，需要合理分配社会经济用水和生态环境用水比例，以避免生态环境的恶化。

1.3　水资源使用权研究基础

广义上讲，水资源使用权分配是水资源分配的组成部分，是水资源分配这一自然科学问题中涉及的社会科学（制度）问题，是自然科学与社会科学的有机结合。水资源使用权分配，考虑相关社会问题后，如果以法律形式固定下来，就变成了水资源使用权制度，从而将自然科学问题转变为社会科学问题。从这个意义上说，当对水资源使用权进行分配时，既需要考虑自然因素，又需要考虑社会因素，这是水资源使用权分配与水资源分配的最大区别。因此，尽管水资源使用权分配是水资源分配的特例，水资源分配方法和模式可用于研究水资源使用权分配，但是它也有自身的研究特色。

1.3.1　水资源使用权内涵

水权经过长时期的形成与发展，在各国有不同的内涵。按照 Scott 等的定义，所谓水权（Water Rights）可广泛定义为享用或使用水资源的权利。在我国，由于不同学科对水权研究的侧重点不同，因此，对水权概念的诠释也不同，从而提出了不同的水权内涵。

（1）法学领域。杨力敏认为我国水资源产权现状及权属关系如图 1.1 所示。所有权包括占有权、使用权、收益权和处分权。然而，部分学者如钱明星先生认为："所有权并不是占有、使用、收益、处分权能的简单总和。"

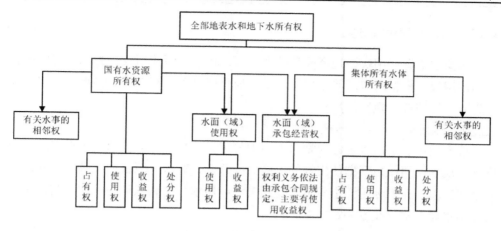

图 1.1 水资源产权现状及权属关系

（2）经济学领域。王亚华认为水权在我国主要有广义水权和狭义水权两种观点。广义水权，指水的所有权和各种利用水的权利的总称；狭义水权，指建立在水资源的自然条件基础上，以满足社会、经济和环境需要为目的，通过立法来确定和保障，并通过行政机制和市场机制来实现的一整套关于水资源的权利体系。

（3）水利学领域。由于水资源以流域为整体，需要协调供水、灌溉、防洪、水能发电、环境保护等之间的矛盾，使得清晰界定水权内涵是一件困难的事情。最广义的概念，水权就是包括水资源的所有权、使用权以及其他相关权。广义的概念，水权是水资源稀缺条件下人们有关水资源权利的总和，其最终可以归纳为水资源的所有权、使用权和经营权。狭义的概念，水权就是水资源的使用权。最狭义的概念，水权是一种长期独占水资源使用权的权利，是水资源所有权和使用权分离的结果，是在法律约束下形成的、受一定条件限制的用益权。

总之，概括起来，水权内涵主要有四种观点：水权的"一权说"，仅指水资源使用权或用益权；水权的"二权说"，即为水资源的所有权和使用权；水权的"三权说"，包括所有权、经营权和使用权；水权的"四权说"，就是水资源的所有权、占有权、支配权、使用权等组成的权利束。按照我国《中华人民共和国水法》，水的所有权属于国家，重点研究水的使用权问题，这是狭义的"二权说"概念。

根据《中华人民共和国水法》，水的所有权属于国家，因此，首先需要研究水的使用权；其次，才能研究水的收益权和处分权等。本书重点研究水的使用权，除非特别说明，本书中的水权均指水资源使用权。

1.3.2　水资源使用权分类

根据水资源使用权表现形式和效力不同，将水资源使用权分为规划使用权和实际使用权；根据水资源使用权是以水量划分还是以时间划分，将水资源使用权分为显性使用权和隐性使用权。

1.3.2.1　规划使用权和实际使用权

规划使用权是由水资源规划引申而来的定义，是与实际使用权相对应的一个概念。规划使用权是根据使用权的不同分配原则，对水资源量和质进行划分，是一个理论值。在实际生活中，由于受到来水、用水、水利工程等条件限制，它与实际用水量常常存在着一定的差异。

实际使用权是指一种用水习惯和水文化，它是社会历史文化长期积淀的产物，尽管没有以水法规、水政策的形式规定下来，但它却被大多数人认可和接受，是主要的水制度约束。例如，清朝康熙年间，年羹尧在河西走廊某些流域制定的水分配制度和黄河流域的"87 分水方案"，尽管现在没有法律约束，却一直被人们沿用至今。

实际使用权与规划使用权相比，实际使用权效力低于规划使用权效力，即规划使用权的优先级高于实际使用权。从时间角度看，距离现在最近的使用权制度为最具效力的制度。

1.3.2.2　显性使用权与隐性使用权

考察中国西部灌溉农业以后的水资源开发利用方式、经济社会及其生态环境效应，可以发现有各种各样关于使用权的规定或改变使用权的方式。其中，有两种最为普遍：一种是清朝康熙年间，年羹尧在河西走廊诸流域制定的水资源使用权分配制度。制度规定，流域上、中、下游各县在一年内按时段取水，下游取水时段内，上游禁止取水，从历史上看，这种方式是西北地区近现代应用时间最长的水资源使用权分配方式，仍有流域（如河西走廊讨赖河流域）沿用至今。另一种则是现在常用的按量划分的使用权分配方式，即根据流域水资源量，遵照一定原则，按量分配水资源。

我们把第一种方式称为隐性使用权，规定得到水量时间的使用权分配方式；第二种方式为显性使用权，直接规定具体水量的使用权分配方式。

显性使用权和隐性使用权各自有其优缺点：

（1）显性使用权分配将天气及水文的不确定性包含在规定水量中，具有科学计算基础。但是，理论上先进的显性使用权在实践分配中往往达不到预期效果，用户不满意度高。

（2）隐性使用权分配将权利交给水文与气象的随机现象，在实践中容易得到（群众）广泛认可，特别是下游用户。但是，隐性使用权分配的科学性较差，没有科学计算基础。

1.3.3 水资源使用权发展历史

中华民族五千年文明史是一部辉煌灿烂的农耕史，创造了先进的农耕文化，农耕技术和农耕制度都居世界领先地位。农业进步离不开灌溉事业的发展，悠久的农业文明是和先进的灌溉技术和水资源使用权分配制度分不开的。我国水资源使用权发展历史主要包括各个历史时期的分水制度和用水顺序，见表 1.1。

表 1.1　我国水资源使用权发展历史

时代	分水制度	用水顺序
春秋战国	水资源充沛，重点防治水害，对使用权分配没有法律约束	
秦汉时期	西汉首次制定了灌溉用水制度。灌溉用水制度最早记载是在关中六辅渠上，当时儿（倪）宽"定水令，以广溉田"。此后召信臣在南阳"为民作均水约束，刻石立于田畔，以防分争"。北魏，刁雍在河套地区制定新的灌水制度，"一旬之间则水一遍，水凡四溉，谷得成实"	首先满足军事需要，保证兵船的正常航行和漕粮的运输，其次是满足灌溉用水
唐代	规定在"京兆府高陵县界清白二渠交口，着斗门，堰清水恒准，水位五分，三分入中白渠，二分入清渠"。如遇雨水过多，"即与上下用水处相知开放，还入清水。二月一日以前，八月三十日以后，亦开放"。又如规定泾水的"南口渠水一尺以上，二尺以下入中白渠及偶南渠。若雨水过多，放本渠。其南北白渠，雨水汛涨，旧有池泄水处，令次州县相知检校，疏决勿使报田"	灌溉最先，航运次之，水石岂（磨）最后。在运河地段，漕运优先
宋代	《钱塘湖石记》中载"先须别选公勤军吏二人，一人立于田次，一人立于湖次，与本所由田户据顷亩，定时日、量尺寸，节限而次之"。另有资料曰"蜀引二江水溉渚县田，多少有约"	宋朝的用水以漕运为中心，有时因漕运而不惜毁坏许多重要的堤防堰闸
元代	据《长安志图》载，泾渠灌溉用水管理和分配原则是以渠水所能溉天的多少为总数，分配到每年维修渠道的丁夫户田。根据人口计算各县所应分配的水量之后，由管理官吏按查开闸放水，以六十日为一周期。按渠道每日输送多少"缴"水量为计算标准，确定每县放水时间长短，各县再按此方法分配到用户。"凭验使人知某日为某村之水，某时为某家使水之期。"	元朝的灌区用水顺序采用"自上而下，昼夜相继"的轮灌制
明清	康熙三十年（1692 年）订立的用水制度：每年三月初一至五月十五期间，三日放水济运，一日塞口灌田，其余时间竹洛装石济河，以"大流济运，余水灌田"。乾隆年间卫河分水口建有闸门。漕运期间，民闸暂闭。漕船过临清后方能启闸。其余时间官民闸按一定比例分水。清代末年《水利章程十条》规定：全渠实行轮灌，渠道内不得私自修建闸坝，如因地高不得浇灌，需正式申请，得到批准后，由水利局施工	漕运优先，灌溉次之。卫河规定："倘值水浅涩，即暂闭民渠民闸以利漕运；漕艘早过，官渠官闸亦酌量下板以官民田。"

从我国水资源使用权发展历史看：

（1）我国水资源使用权经历了从无到有，从简单到复杂，从乡规民约到正式制度的漫长发展过程。

（2）古代的分水制度由于计量设施不完善等原因，主要以时间来划分水资源使用权（隐性使用权）。

（3）隐性使用权缺点是分配水量的多少只能"听天由命"，科学地分配水量，应该综合考虑地理位置、气候、供给、需求等条件，分配具体的水量而不是引水时间，即显性使用权。

（4）古代用水顺序是根据当地军事、农业、航运等重要性，优先考虑重点行业。

1.3.4　水资源使用权分配关键问题

水资源使用权分配的关键问题包括分配范围、分配原则和优先序等。在分配水资源使用权时，首先需要确定分配范围。分配原则是水资源使用权分配的依据和方针，关系到分配结果是否合理，能否被广大群众接受。优先序是水资源使用权分配的另一个关键问题，在确定了分配原则后，需要确定这些分配原则重要性，根据其重要性确定其分配的优先序。

1.3.4.1　分配范围

分配范围是分配地表水资源量还是分配总水资源量是水资源使用权分配首先需要考虑的问题。理论上说，地表水资源和地下水资源有着千丝万缕的水力联系，如果仅分配地表水，就会造成某些地区由于地表水资源不足而过分抽取地下水，造成对邻近区域地下水资源的超采。但是，由于我国计量设施的不完善，对地下水资源不能有效的监控管理。因此，我国现在讨论的水资源使用权一般是分配地表水资源，地下水资源未纳入水资源使用权分配范畴。

1.3.4.2　国外分配原则

不同国家法律规定了不同水资源使用权分配原则。总体来说，国外水资源使用权分配原则主要有：河岸权、占用优先、公共水权、平等用水、公共信任、条件优先权和惯例水权原则等。

（1）河岸权原则（Riparian Ownership）。该原则源于英国的《普通法》和1804年的《拿破仑法典》。河岸权规定水权属于沿岸的土地所有者，也就是说，水权与地权捆绑在一起，只有当地权发生转移时，水权才可以随着转移。在实行河岸权的流域，不论是上游还是下游，沿岸所有水权都是平等的，只要水权所有者对水资源的利用不会影响下游的持续水流，那么对水量的使用就没有限制，也不会因使用时间先后而建立优先权。

（2）占用优先原则（Prior Appropriation Doctrine）。该原则源于19世纪中期美国西部地区的用水实践。占用优先原则不认可用户对水体的占有权，但承认对水的用益权。其主要法则为：一是时先权先（first in time, first in right），先占用者有优先使用权；二是有益用途（beneficial use），即水的使用必须用于能产生效益的活动；三是不用即作废（use it or lose it）。

（3）公共水权原则（Public Water Rights）。在一些实行大陆法系的国家和地区，往往通过立法的形式，将水权的归属进行具体的界定，在这些国家和地区，一般实行所谓的公共水权原则。一般认为，公共水权包括三个基本原则：一是所有权与使用权分离；二是水资源的开发和利用必须服从国家的经济计划和发展规划；三是水资源的分配一般是通过行政手段进行的。

（4）平等用水原则。在智利的一些地区，采用了平等用水原则。平等用水原则是指所有用户拥有同等的用水权，当水资源短缺时，用户以相同的比例削减用水量。

（5）公共信任原则（the Public Trust Doctrine）。该原则源于普通法，是指政府具有管理某些自然资源并维护公共利益的义务，该原则在美国西部被采用，作为改善占用优先原则不足的补充原则，目的是确保公共用水和保护公共利益。

（6）条件优先权原则。该原则是指在一定条件的基础上用户具有优先用水权。如日本采用的堤坝用益权，日本的《多功能堤坝法》使得水资源使用者能够取得使用水库蓄水的堤坝用益权。

（7）惯例水权原则。世界上大多数国家都有自己独特的惯例水权原则。惯例水权原则并非是明确的水权制度，它是由于惯例形成的各种水权分配形式，往往与历史上水权纠纷的民间或司法解决先例以及历史上沿袭下来的水权分配形式有关。它往往是占用优先原则、河岸权原则、平等用水原则、条件优先原则等多种原则的综合体，如美国采取的印第安人水源地原则。

从国外分配原则看，具体实施何种分配原则，与相应的实际情况紧密相关。如水量较为充足的欧洲和美国东部多实行河岸权原则；而水资源相对短缺的美国西部地区则多以占有优先原则为主，并辅以河岸权原则和惯例水权原则；日本则同时认可上游优先和"时先权先"两种原则。水资源使用权分配原则的选择取决于实际水资源管理历史、目的以及水资源状况，具体运用需因地制宜、实事求是，以利于实现水资源的合理有效利用。

1.3.4.3 国内分配原则

由于我国的政治经济体制、水资源管理方式等与这些国家不同，这些国家的分配原则只能供我们参考，不能照搬于我国。

汪恕诚在谈到水资源使用权分配原则时说道："第一，人的基本生活用水要得到保障，每个人都享有同等的基本生活用水权利。第二，优先权因素，一是水源地优先原则；二是粮食安全优先原则；三是用水效益优先原则；四是投资能力优先原则；五是用水现状优先原则。第三，优先权是变化的。"

董文虎认为，水资源使用权是国家的政治权力，水资源的分配应是宏观规制、权益主体性质的。水资源使用权应设置以下原则：资源共享，生活（生存）、属地、特许"三优先"，宏观调控，总量控制，不损害他人，有偿使用，不宜买（卖）断原则（指一个国家范围内）。

刘斌认为水资源使用权确定的主要原则有：尊重历史、维持现状和微观协商调整。

林有桢提出，水资源初始使用权分配原则应体现先上游后下游，先域内后调引，先生活再生产和娱乐，先传统（原取用水比例）再立新（重新分配取用水比例）。

张仁田等认为水资源初始使用权分配的基本原则应遵循：灵活性、安全性、实际机会成本、预见性、公平性、政治和公众可接受性原则。

陈锋认为界定水资源初始使用权时应遵守以下原则：坚持水资源国家所有（所有权）不变；基本用水与生态用水优先原则；水源地优先与用水现状优先原则；地表水与地下水要同时建立。

蒋剑勇认为，水资源使用权的界定不同于一般的资产，因此，必须遵循以下原则：可持续发展原则、效率原则和补偿原则。补偿原则是必要的，但是必须是在水资源初始使用权界定之后，如工业用水挤占农业用水，才需要实施。

葛吉琦提出，确定水资源使用权主要是确定水资源使用权归属，随着时代的变化，水资源使用权确定的原则也在变化。确定水资源使用权的主要原则有：岸地原则、占用原则和民法原则。

党连文提出，水资源使用权确认的优先原则有：以人为本，基本生活用水需求优先；尊重客观规律，合理的河道内外生态环境需水优先；实事求是，现状河道外生产用水需求优先；尊重社会发展规律，相同产业发展水资源生成地需水优先；尊重价值规律，先进生产力发展用水需求优先；以省为单元的区域、中央直属生产需水企业的民主协商；中央政府拥有适量备用。

葛敏认为水资源使用权分配应采用有效性、公平性和可持续性原则。

通过对上述文献的综述可以发现，国内外相关学者提出的水资源使用权分配原则多种多样，将所有收集到的相关原则共 40 余项进行收集、统计、合并和分类，形成了三大类 20 余项基本原则，具体见表 1.2。

表 1.2   水资源使用权分配原则

分配类别	具体原则
指导思想类	可持续原则；合理有效利用原则；安全性原则；粮食安全用水保障原则；注重综合效益原则
具体分配类	基本生活用水保障原则；生态环境用水保障原则；占用优先原则；河岸权原则；公平性原则；效率优先原则；水源地优先原则；条件优先权原则
补充类	可行性原则；灵活性原则；政治和公众接受原则（公众信任原则、民主协商、公共托管原则、公众参与、政府最终决策原则）；留有余量的原则；责权利一致的原则；地下水所有权的相对性和绝对性原则；有限期使用原则

1.3.4.3   优先序

有的学者认为，水资源使用权分配首先需要考虑人的基本生活用水需求，这种水资源使用权不允许转让。其次是农业用水，再次是生态环境的基本需求用水，最后是工业等其他行业用水。保障人的基本生活用水优先权是大多数经济学家、法学家和水利学者的共识。但是，将农业用水放在生态用水之前，未必可行；将农业用水排在工业用水之前，也可能只是一种特例。

也有人认为，水资源使用权分配优先序的确立关键在于对用水户进行分类，对不同类型的用水需求分别采用不同的分配原则和管理办法。社会用水大体可分为生活用水、经济用水和公共用水，与其对应的分别是水资源的基本使用权、竞争性使用权和公共使用权。水资源使用权分配的优先顺序是：基本使用权—公共使用权—竞争性使用权。这种通过对用水需求的性质进行分类进而确定水资源使用权优先顺序的研究思路是值得肯定的。竞争性使用权虽然优先等级最低，但它在三类使用权中总量最大、流动性最强，是水资源使用权体系中最活跃、最能体现水资源与经济发展的关系及市场调节机制。

1.3.5   水资源使用权分配研究展望

尽管水权制度是随着水资源的日益紧缺而产生的，但是，未来无论是北方缺水区域还是南方丰水区域，水权制度建设将是一种普遍的现实需求。对于北方来说，水权制度将是解决现实用水矛盾和纠纷的手段；对于南方来说，水权制度将作为预防用水矛盾和纠纷的机制。

借鉴国外的水权制度改革，结合我国水资源的供需状况，建立我国未来水权制度建设框架。未来我国水权制度体系包括水资源所有权制度、水资源使用权制度和水权流转制度三部分内容❶，如图 1.2 所示。

---

❶ 《水利部关于印发水权制度建设框架的通知》（水政法〔2005〕12 号）。

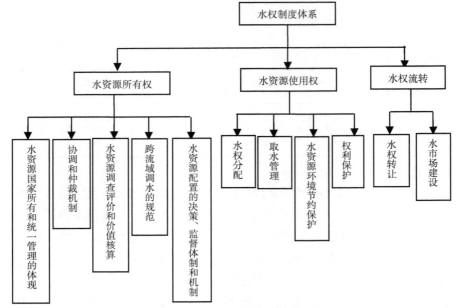

图 1.2　未来水权制度建设框架

水资源使用权制度是水权制度建设的重要一步，是水权转换和水权管理的基础。只有明晰了水资源的权利边界，才能开展下一步的水权转换和交易以及水权管理工作。

根据水法的有关规定，未来需要建立水权分配机制，规范各类水资源使用权分配以及水量分配方案。水资源使用权制度建设需要开展水权分配、取水管理、水资源和水环境保护等工作主要有：

（1）建立流域水资源分配机制，制定分配原则，明确分配条件、机制和程序；建立用水总量宏观控制指标体系和用水定额微观指标体系；建立水权的登记及管理制度；制定水权分配的协商制度；建立公共事业用水管理制度；建立生态用水管理制度。

（2）修订《取水许可制度实施办法》；制定取水许可监督管理办法；制定取水权终止管理规定，明确规定取水权的使用期限和终止时间；建立健全水资源有偿使用制度。

（3）制定全国节约用水管理法律法规，建立节水型社会指标体系；保护水环境，加强提高水环境承载能力的制度建设；完善排污权控制制度和地下水管理及保护制度。

1.4　研究思路和主要内容

如上所述，目前，我国水资源分配研究涉及宏观经济学、水资源学、生态环境科学、微观经济学、系统工程与数学规划等众多学科、水资源管理体制和制度建设等问题，虽然经过国内外众多学者长期研究和大量实践，在局部领域取得了一些重大进展，但作为一门完整的学科尚没有建立，其理论基础尚处于探索阶段。

因此，本书从水资源分配理论着手，围绕着水资源分配这条轴线展开讨论（图1.3）。根据水资源分配动力将水资源势能分为地理势能、效率势能和制度势能，建立水资源分配理论。根据三种势能在历史长河中发挥作用不同，对水资源分配阶段进行划分。由于制度势能涉及水资源使用权，接着探讨了水资源使用权分配，建立水资源使用权分配协商模型。将水资源使用权分配协商模型与水资源分配理论结合，采用系统动力学方法建立流域演化模型。应用流域演化模型预测未来年份石羊河流域发展模式和社会经济发展状况。

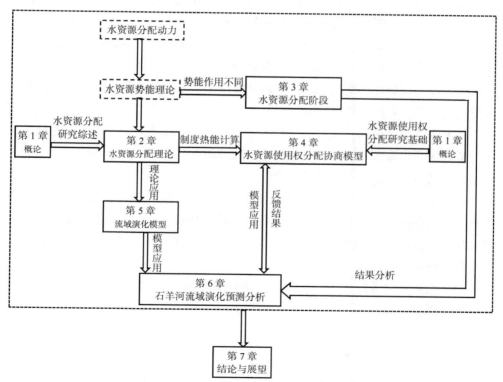

图 1.3　水资源分配理论及流域演化模型研究思路

图 1.3　水资源分配理论及流域演化模型研究思路

本书主要研究内容包括：

第 1 章说明本研究背景。介绍了水资源分配内涵、方法、模式和干旱区水资源分配特点；阐述了水权内涵、水资源使用权发展历史、水资源使用权分配关键问题和水资源使用权分配研究展望。

第 2 章研究水资源分配理论。借助重力势能和电势能的概念，定义水资源势能概念，并应用势能理论的基本方法从宏观上解释水资源运动规律。根据水资源分配运动方程和连续方程，建立水资源分配基本方程。

第 3 章划分水资源分配阶段。在水资源势能主体按照不同行业划分为工业、农业、生活和生态情况下，划分水资源分配阶段。不同历史时期，地理势能、效率势能和制度势能发挥作用不同，外在表现为生态耗水比例、农业用水增长率和工业用水增长率三个指标的变化。根据生态耗水比例、农业用水增长率和工业用水增长率将水资源分配划分为四个阶段：生态安全阶段、农业用水增长阶段、工业用水增长阶段和生态恢复阶段；分析全国二级流域所处的水资源分配阶段；对黄河流域和石羊河流域进行水资源分配阶段实证分析。

第 4 章建立水资源使用权分配协商模型。在第 1 章水资源使用权分配研究基础上，确定水资源使用权分配协商模型的分配尺度和分配原则；在此基础上，建立水资源使用权分配协商模型；应用遗传算法求解水资源使用权分配协商模型；以黄河流域为例对模型进行检验。

第 5 章建立流域演化模型。本章主要探讨的水资源势能主体是用水区域。在水资源分配理论和水资源使用权分配协商模型研究基础上，分析流域演化系统，采用系统动力学方法建立流域演化模型。

第 6 章预测分析石羊河流域演化方向。以石羊河流域 5 区县为计算区域，分配不同来水条件下各区县的水资源使用权；应用 1980—2000 年数据率定流域演化模型基本参数；预测 2000—2030 年不同水资源分配情景下，石羊河流域演化方向和社会经济发展状况。

第 7 章对本书进行总结与展望。包括水资源分配理论特点、本书创新点和主要结论及研究展望。

第 2 章　水资源分配理论

水资源分配机制研究中，驱动力问题一直占据着重要地位。驱动力（简称动力）是影响水资源分配的主要自然因素和社会因素。本章借助一般势能概念，定义水资源势能，并应用势能理论的基本方法从宏观上解释水资源分配规律。在此基础上，建立水资源分配基本方程，以便推求水资源量。

2.1　水资源分配动力概述

影响水资源分配的因素很多，最主要的是由于地理动力、效率动力（经济利益）和制度动力（制度体系转变而引起的水资源分配）。

2.1.1　地理动力

水资源分配的地理动力是最原始的、级别最低的一种动力，它是在自然条件下，没有有效的管理制度和调控交易手段的情况下发挥主导作用的动力，这种动力的用水顺序是依次从上游到下游地理动力示意图如图 2.1 所示。

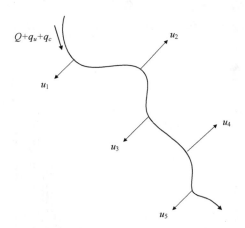

图 2.1　地理动力示意图

以一段河段中无水库的 5 个用户为例，水资源分配地理动力是：2 号用户只能在 1 号用户从河流或运河中取走水量 u_1 后，方可取其所需的水量 u_2；3 号用户只能在 1 号和 2 号用户从河流或运河中取走了它们的水量 $u_1 + u_2$ 之后，才可轮到其取水；4 号用户只能在 1 号、2 号、3 号用户取走水量 $u_1 + u_2 + u_3$ 后，才能轮到其取所需水量 u_4；5 号用户只能在 1 号、2 号、3 号和 4 号用户取走水量 $u_1 + u_2 + u_3 + u_4$ 后，才能轮到其取所需水量 u_5。这种分配服从先入为主"法则"，即：上游用户可以尽量享用水资源，下游用户只好适应它。无论在立法方面、经济方面还是在社会方面，这都是一个没有任何基础的分配制度。这完全是许多缺水地区的真实写照，例如，巴西半干旱的东北部地区。

尽管上游比下游有更大的分配优先权利，但是如果没有水需求和水利工程设施，上游也将引不到水，水也会自动流向下游。需水量越大，驱动上游引水量越多；水利工程投资量越大，上游水利工程设施建设越完善，可引水量越多。因此，由于流域内基本参数——人口、灌溉面积和生态环境等的变化引起需水量的变化，从而引起地理动力的变化，也将会导致水资源量的变化。

2.1.2　效率动力

效率动力是在利益的驱动下，优化产业结构，使得水资源向着高效产业转移；同时，也向着生产效率较高的地区转移。

全国工业、农业、林业、牧业和渔业产值见图 2.2。工业产值远远高于农林牧渔业产值。20 世纪 50 年代时，工业产值与农业产值基本相等，约为 390 亿元；80 年代，工业产值为农业产值的 3.5 倍；到 90 年代，工业产值为农业产值 4.8 倍；2000 年，工业产值是农业产值的 6.2 倍；2003 年，工业产值已经是农业产值的 9.6 倍。

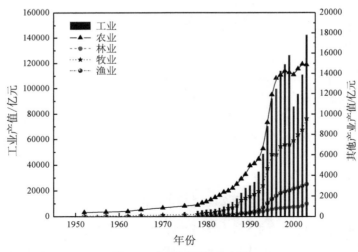

图 2.2　全国不同行业产值

从行业的总用水量看（图 2.3），农业用水逐渐较少，工业用水和生活用水逐渐增加。因此，水资源是从单位产值耗水量高的产业向耗水量低的产业转移，从效益低的行业向效益高的行业转移。

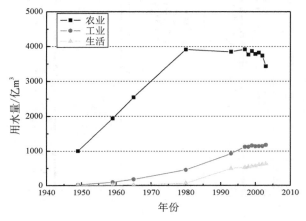

图 2.3　全国不同行业总用水量

2.1.3　制度动力

制度动力对水资源分配起到关键作用。以全国和黄河流域为例，阐述制度动力与水资源分配关系。这里的制度不仅包括全国水利工作方针，也包括流域分水方案等。主要有全国水利工作方针与水资源分配的关系和黄河流域分水方案与水资源分配关系。

2.1.3.1　全国行业用水与制度的关系

图 2.4 显示全国不同行业用水量与全国水利工作方针关系。根据水利文献和用水阶段特征，全国水利工作方针大体可分为以下四个阶段：

（1）1960 年以前。水害灾害较多，用水矛盾不很突出，全国水利工作方针是防治水害，兴修水利，水资源分配特征不明显。

（2）1960—1980 年。全国水利工作方针是开展农田水利建设，建设高产稳产农田，因此，总用水量增长幅度较大，农业用水增长幅度较大，工业用水和生活用水增长幅度较小。

（3）1980—1997 年。全国水利工作方针是加强经营管理，讲究经济效益，因此，用水量增长幅度减缓，农业用水量增长幅度减小，工业用水和生活用水增长幅度加大。

（4）1997 年至今。全国水利工作方针是人与自然和谐相处，走可持续发展之路，因此，总用水量减小，农业用水量减小，工业用水量增长幅度减缓，生活用水量继续增加。

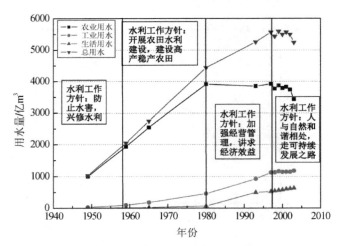

图 2.4　全国行业用水与制度关系

注：因为 1994 年和 1995 年的来水量很小，所以，1994 年和 1995 年总用水量和各行业用水量都较小。

2.1.3.2　黄河流域分水方案

随着黄河流域水资源紧缺程度的加剧，开发利用水资源由中华人民共和国成立初期以政策、方针引导转变为 20 世纪 80 年代中后期的加强法律法规建设，水资源制度逐步由非正式制度转变为正式制度。

1954 年，针对黄河水事矛盾加剧，黄河水利委员会编制了黄河流域综合利用规划，对黄河流域远期水资源利用进行分配，见表 2.1。

表 2.1　1954 年黄河流域分水方案

省份	青海	甘肃	内蒙古	陕西	山西	河南	山东	河北
水量/亿 m³	40.0	45.0	57.3	47.0	26.3	112.0	101.0	77.4
比例/%	7.9	8.9	11.3	9.3	5.2	22.1	20.0	15.3

1959 年，为了协调黄河流域下游河南、河北和山东三省的用水问题，黄河水利委员会提出枯水季节水量分配方案：以秦厂（相当于现在花园口）流量 2∶2∶1 的比例由河南、山东、河北三省分配使用；用水顺序首先满足农业用水，并以保麦、保棉为主，照顾其他用水。

1961 年，对黄河上游宁夏、甘肃、内蒙古三省（自治区）的用水顺序和用水比例作了规定：首先满足包头钢铁公司的用水，农业灌溉用水次之；维持宁夏、内蒙古 1960 年所规定的 4∶6 的配水比例，包头钢铁公司的用水由内蒙古供给。

1987 年 9 月，经国务院原则同意并以国办发〔1987〕61 号文印发了《黄河可供水量分配方案》，见表 2.2。分配方案从地域角度包括流域内青海、四川、甘肃、宁夏、内蒙古、山西、陕西、河南、山东等九省（自治区），以及国务院批准的流域外天津、河北两省（直辖市）。

表 2.2　1987 年黄河可供水量分配方案

省份	青海	四川	甘肃	宁夏	内蒙古	陕西	山西	河南	山东	河北、天津
水量/亿 m³	14.1	0.4	30.4	40.0	58.6	38.0	43.1	55.4	70.0	20.0
比例/%	3.8	0.1	8.2	10.8	15.8	10.3	11.6	15.0	18.9	5.4

黄河流域分水方案影响黄河流域不同地区引黄水量，如图 2.5 所示。由于资料限制，这里仅列出黄河流域 1980 年、1985 年、1990 年、1995 年和 2000 年不同地区用水。从图 2.5 可以看出，1990 年之前，青海、宁夏、内蒙古等黄河流域上中游用水比例增加，1990 年之后总体有减小趋势；黄河下游河南和山东 1985 年以后用水比例整体有增大趋势。因此，制度对黄河流域上下游的水资源分配起到了一定作用。（由于还有地理动力和效率动力的影响，制度动力不太明显。）

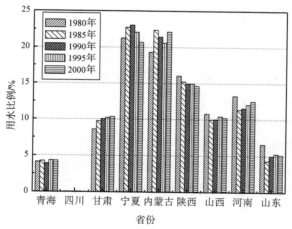

图 2.5　黄河流域行业用水比例

2.2　水资源势能理论

在物理学研究中，常把已获知的现象和过程同未知的物理现象和过程进行比较，找出它们的相似点或关联处，并以此为依据来推测未知的现象和过程也可能具有某些特性或规律，这就是物理学中的类比方法。类比方法是将一种特殊对象的知识推移到另一个特殊对象的思维方法。

中学《物理》教材是这样引入电势能："地球上的物体受到重力作用，具有重力势能；电场中的电荷受到电场力的作用，也具有势能，这种势能叫电势能。"可见，电势能是通过重力势能概念的类比而导入的。同样，电势能的大小也可以类比重力势能大小。一物体由低势能点移到高势能点时，外力克服重力而做功，使该物体重力势能增加；一电荷由低电势点移动到高电势点时，外力克服电场力而做功，使该电荷增加电势能。

借助重力势能和电势能的概念，类比流域系统中的水资源势能，定义水资源势能概念，并应用势能理论的基本方法对水资源量的空间分配变化规律进行分析，将有利于理解水资源分配系统中的动力机制，从宏观上解释水资源分配规律。

2.2.1　势能定义及特性

势能是由保守力做功而与受力物体运动时所经过的路径无关，只与其始末位置有关这个特点而引入的一个物理量。保守力做功等于物体系势能增量的负值，即

$$A_{保} = -(E_p - E_{p0}) \tag{2.1}$$

式（2.1）可以改写为

$$E_p - E_{p0} = -A_{保} \approx -\int_{M_0}^{M} \vec{F} d\vec{r} \tag{2.2}$$

式中：E_{p0} 为初位置 M_0 处的势能；E_p 为末位置 M 处的势能；$A_{保}$ 为物体由初位置到末位置时保守力做的功；$\vec{F}$ 为保守力；$d\vec{r}$ 为位移元。

归纳各种势能，主要有以下特性：

（1）从势能产生的原因看，势能亦称作"位能"，皆由相互作用的物体之间的相对位置，或由物体内部各部分之间的相对位置所确定。

（2）从势能变化与对应力做功的关系看，每种势能都与一定的相互作用力相联系。当各自所对应的力做正功时，相应的势能减少；当外力克服各自所对应的力做功（即各自所对应的力做负功）时，相应的势能增大，即各自所对应的力所做的功是势能大小变化的量度。

（3）势能不是属于单独物体所具有，而是相互作用的物体系所共有，即势能是属于物体系共有的能量。

（4）与各种势能相对应的作用力都是保守力，这是因为保守力做的功只与物

体的初始和最终的相对位置有关，与物体运动的路径无关，即保守力沿闭合路径所做的功为零。

（5）势能是一个相对量，与零势能点（或参考平面）的选择有关。选择不同的零势能点，势能的数值一般是不同的。

2.2.2 水资源势能定义及特性

根据水资源分配动力和势能概念，定义水资源势能。

水资源势能是在某一流域体系中，某一用水对象点由于受到地理动力、效率动力和制度动力3种动力的作用产生的势能。水资源势能是处于几种动力综合作用的动力中，简称水资源势能场。

水资源势能具有一般势能性质：

（1）地理动力、效率动力和制度动力与其所处流域位置有关，而与其路径无关，是保守力。因此，水资源势能是保守力产生的势能。

（2）水资源势能是由相互作用的某一流域体系所共有，即水资源势能是属于流域体系共有的能量。

（3）水资源势能是一个相对量，与零势能点，即流域的源头位置有关。

水资源势能也具有一般势能所没有的特性：对于一般势能，其每一种势能都与具体对应的作用力相联系，而水资源势能是几种作用力共同作用的结果。当几种动力的合力做正功时，水资源势能减少；当动力合力做负功时，水资源势能增大。

根据水资源势能的定义和特性，可描述水资源势能的主客体。

水资源势能的客体是流域中的水资源量。

水资源势能的主体是流域中使用水资源的用水对象（人或物）。如果将流域中的水资源使用对象划分为不同的用水区域，则水资源势能主体是用水区域；如果把水资源使用对象按照不同行业划分为工业、农业、生活和生态等，则水资源势能主体是工业、农业、生活和生态等。

水资源势能场就是一个以主体和客体为基本框架的系统。在水资源势能场中，水资源势能主体一方面受到水资源势能客体的限制和制约，另一方面又不断地开发自己的能力和增大自己的需求，以自觉能动的活动不断打破客体的限制，超越水资源势能客体。因此，水资源势能主客体是互为前提，互相作用的。水资源势能主客体也是变化发展的，随着时间的推移，水资源势能的主客体随时间的发展而不断发展，相对于水资源势能主体，水资源势能客体随时间的变化幅度更小。

2.2.3　水资源势能的热力学基础

热力学是研究一个系统的状态变化及其与周围环境关系的学科，水资源系统也是为了研究水资源、社会经济和生态环境的相互作用关系。热力学对系统宏观状态的描述方法，是分析和研究水资源系统的有效工具。

在热力学中，系统的状态可以用一些确定的且只和系统状态相关而和系统变化路径无关的物理量来表征其属性，这些物理量称为系统的状态参数或状态函数。

水资源势能定义是类比热力学中关于能量的基本理论得到的。

热力学系统中，描述系统最基本的参数是体积 V、压力 P 和温度 T，三者之间的关系通常称为状态方程。热力学中表征系统状态的参数还有很多，内能 U 则是其中之一，它是指系统内部的一切形式的能量。根据热力学第一定律（即能量守恒定律）：

$$\mathrm{d}Q = \mathrm{d}U + P\mathrm{d}V + \mathrm{d}W' \tag{2.3}$$

式中：$\mathrm{d}Q$ 为系统从周围环境中吸收的热量；$\mathrm{d}U$ 为系统内能的增加量；$P\mathrm{d}V$ 为系统对环境所做的膨胀功或容积功；$\mathrm{d}W'$ 为系统对环境所做的非容积功。

热力学第二定律可以表示为

$$\mathrm{d}Q \leqslant T\mathrm{d}S \tag{2.4}$$

式中：$\mathrm{d}S$ 为系统熵值 S 的变化。

对于一个与周围环境无能量交换的孤立系统，$\mathrm{d}Q = 0$，则有 $\mathrm{d}S \geqslant 0$，即系统的熵值不减少。热力学第二定律有不同的文字表述形式，但其基本点是指出了系统在自发状态下的变化趋势，即热量只能从高温向低温变化，气体只能从高压流向低压等。

对于可逆过程有：

$$\mathrm{d}Q = T\mathrm{d}S \tag{2.5}$$

代入式（2.3）可得

$$\mathrm{d}W' = -\mathrm{d}U + T\mathrm{d}S - P\mathrm{d}V \tag{2.6}$$

等价变换后得

$$\mathrm{d}W' + S\mathrm{d}T - V\mathrm{d}P = -\mathrm{d}(U + PV - TS) \tag{2.7}$$

定义 Gibbs 自由能 G：

$$G = U + PV - TS \tag{2.8}$$

则有

$$\mathrm{d}G = V\mathrm{d}P - S\mathrm{d}T - \mathrm{d}W' \tag{2.9}$$

式（2.9）是热力学重要的能量方程表达式，表明自由能 G 的物理意义是：等温等压变化过程中，系统对周围环境所做的非容积功等于系统自由能的减少量。

2.2.4 水资源势能理论

下面利用类似的思路定义水资源势能。对于水资源系统定义 3 个基本状态参数，即主河道河长 l、主河道过水断面面积 F_s 和用水效率 S。首先根据能量守恒定律有

$$dQ = dU + ld(F_s - F) + dA \qquad （2.10）$$

式中：dQ 为水资源系统从周围环境中吸收的总能量；dU 为系统内部条件变化引起的能量；$ld(F_s - F)$ 为系统地理位置的变化引起的能量；dA 为系统其他条件变化引起的能量。

根据热力学第二定律的基本含义，可以定义水资源系统中的相应规律为：在自发的状态下，流域的水资源总是首先满足效率高的用水需求，然后才满足效率低的用水需求。数学形式表示为

$$dQ \leqslant RdS \qquad （2.11）$$

式中：dS 为系统效益变化，其物理意义可以解释为沿河道水量需求的不均衡程度，等号在水资源短缺的条件下成立。

在水资源短缺情况下有 $dQ = RdS$，代入式（2.10）可得

$$dA = -dU + RdS - ld(F_s - F) \qquad （2.12）$$

等价变换后得

$$dA + SdR - (F_s - F)dl = -d[U + (F_s - F)l - RS] \qquad （2.13）$$

定义水资源势能 G：

$$G = U + (F_s - F)l - RS \qquad （2.14）$$

则有

$$dG = (F_s - F)dl - SdR - dA \qquad （2.15）$$

式（2.15）是水资源势能理论的微分方程表达式，表明水资源势能 G 的物理意义是：如果水资源短缺，则在空间位置和利用效率不变的情况下，系统其他条件变化引起的水资源能量的变化等于系统水资源势能的减少量。

如果认为 dG 为流域中某一点的水资源势能变化量，记为 $\Delta\varphi'$，则式（2.15）中的右端第一项 $(F_s - F)dl$ 表示的是由于某点在流域中的空间位置变化而引起的水资源势能增量，相应定义为地理势能的变化量，记做 $\Delta\varphi'_z$；第二项（$-SdR$）为由于人类利用水资源的单位效益变化而导致的水资源势能的增加，相应定义为效率势能的

变化量，记作 $\Delta\varphi_e^{'}$；第三项（ $-\mathrm{d}A$ ）是由于除了人类生产生活直接利用以外的其他条件变化引起的水资源势能的增加，相应定义为制度势能的变化量，记作 $\Delta\varphi_a^{'}$，制度势能的主要影响因素包括水政策、水法规等。则水资源势能可以表示为

$$\Delta\varphi^{'} = \Delta\varphi_z^{'} + \Delta\varphi_e^{'} + \Delta\varphi_a^{'} \tag{2.16}$$

从式（2.16）可以看出，水资源量的运动方向由三种作用力的合力决定，即地理势能、效率势能和制度势能。

2.2.5　水资源分势

概括地讲，水资源系统在一种动态的平衡状态下，由于系统外部环境的改变，导致系统状态偏离平衡状态，而在这三种力的合力作用下，使得系统内的各种物质、能量和信息产生流动，形成的结果就是系统的水资源运动状况的调整，最终达到系统内的各个节点具有相同的水资源势能，这时整个水资源系统达到了一种新的动态平衡状态，从而实现水资源量的运动和流域演化的推动。

根据前述水资源势能理论，定义水资源分势能，包括地理势能、效率势能和制度势能。

2.2.5.1　地理势能

地理势能是由于地理位置变化而引起的水资源势能变化，主要目的是模拟用水对象距离水源地越近，直接引水越便利。其示意图如图 2.6 所示。

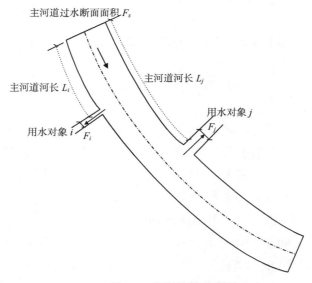

图 2.6　地理势能示意图

用公式表示为

$$\varphi_z^{'} = (F_s - F)l \tag{2.17}$$

式中：$\varphi_z^{'}$ 为地理势能；l 为该点以上主河道河长；F 为该点河道平均过水断面面积，是一个随着用水对象社会经济发展变化的物理量，是水利工程投资量和需水量的函数；F_s 为主河道平均过水断面面积，对确定的流域，是一个常数。

河道平均过水断面面积 F 的公式可以表示为

$$F = \frac{wv_i}{\sum_{j=1}^{n} wv_j} \frac{wta_i}{\sum_{j=1}^{n} wta_j} F_s \tag{2.18}$$

式中：wv_i 为 i 用水对象水利工程投资量；$\sum_{j=1}^{n} wv_j$ 为流域总水利工程投资量；wta_i 为 i 用水对象需水量；$\sum_{j=1}^{n} wta_j$ 为流域总需水量。

考虑势能量纲，式（2.17）改写为

$$\varphi_z = k_z \varphi_z^{'} = k_z (F_s - F)l = k_z (1 - \frac{wv_i}{\sum_{j=1}^{n} wv_j} \frac{wta_i}{\sum_{j=1}^{n} wta_j}) F_s l \tag{2.19}$$

式中：k_z 为地理势能单位转换系数；φ_z 为转换后的地理势能。

假设河道过水断面面积无变化，从式（2.19）可以看出，φ_z 随着 l 的增大而增大。因此，距离水源地越近，用水对象的地理势能越小，反之亦然。由于距离水源地越近，用水对象越靠近流域上游，因此，在其他势能保持不变的条件下，上游的用水对象分配到较多水资源。实际上，在自然（水资源使用权制度没有形成）状态下，由于地理位置的差异，上游用水对象对下游用水对象来讲，具有优先得到水资源的权利。

2.2.5.2　效率势能

效率势能是由于人类利用水资源的效率提高而导致用水对象的水资源势能减小。某点的水资源利用效率越低，效率势能越大。

$$\varphi_e^{'} = -SR \tag{2.20}$$

式中：$\varphi_e^{'}$ 为效率势能；S 为效益，以工业总产值或 GDP 表示；R 为单位用水效益。

考虑量纲，式（2.20）改写为

$$\varphi_e = k_e \varphi_e^{'} = -k_e SR \tag{2.21}$$

式中：k_e 为效率势能单位转换系数；φ_e 为转换后的效率势能。

假设系统效率无变化，φ_e 随着 S 的增大而减小。效益变化越大，用水对象的效率势能越小。在其他势能保持不变的条件下，效益大的用水对象分配到更多的水资源。

2.2.5.3　制度势能

制度势能是除了人类生产生活直接利用以外的其他条件变化引起的水资源势能的增加。制度势能主要是由于水资源使用权的变化而引起的。

$$\varphi'_a = -A \tag{2.22}$$

式中：φ'_a 为制度势能；A 为水资源使用权。

考虑量纲，式（2.22）改写为

$$\varphi_a = k_a \varphi'_a = -k_a A \tag{2.23}$$

式中：k_a 为制度势能单位转换系数；φ_a 为转换后的制度势能。

制度势能与水资源使用权成反比。水资源使用权越大，制度势能越低，水资源使用权大的用水对象分配到更多的水资源。

修正后的水资源总势能为

$$\varphi = \varphi_z + \varphi_e + \varphi_a \tag{2.24}$$

水资源势能的三个分势能在实际问题中并不是同等重要的。以黄河流域为例，在"87 分水方案"以前，地理势能和效率势能起主要作用；在"87 分水方案"之后，制度势能和效率势能起主要作用。因此，在没有水资源使用权的流域，地理势能和效率势能是主要的，制度势能一般不予考虑；对于具有水资源使用权的流域，制度势能是水资源势能的主要组成部分。

没有水资源使用权的流域，水资源势能为

$$\varphi = \varphi_z + \varphi_e \tag{2.25}$$

具有水资源使用权的流域，水资源势能为

$$\varphi = \varphi_z + \varphi_e + \varphi_a \tag{2.26}$$

2.3　水资源分配理论

水资源势能理论是水资源分配理论的基础，是建立水资源分配基本方程的前提条件；水资源分配理论是水资源势能理论的具体应用，是建立水资源势能理论的终极目的。

2.3.1　水资源分配运动方程

早在 1856 年，Darcy 通过饱和砂层的渗透试验，得出了通量 q（单位时间内通过单位面积土壤的水量）和水力梯度成正比的饱和土壤水 Darcy 定律。1931 年，Richards 又将 Darcy 定律引入了非饱和土壤水。Darcy 定律可统一表示为

$$q = -K\nabla\varphi \tag{2.27}$$

式中：K 为孔隙介质透水性能的导水率；$\nabla\varphi$ 为水势梯度。对饱和土壤，导水率为常值，对非饱和土壤，导水率是土壤水势能的函数。负号表示水流方向和水势梯度方向相反。

类比 Darcy 定律，假设水资源流量和水资源势能梯度成正比。水资源流量 q 可表示为

$$q = -k\nabla\varphi \qquad (2.28)$$

式中：q 为单位时间内通过单位河道断面积的水资源流量，m/s；k 为水资源流量系数，$\text{m}^2 / (\text{J} \cdot \text{s})$；$\nabla\varphi$ 为水资源势能梯度矢量，J/m；负号（$-$）为顺着水流方向，水资源势能在减少。

在直角坐标系中，式（2.28）沿三个方向的表达式为

$$\begin{cases} q_x = -k_x \dfrac{\partial\varphi}{\partial x} \\[2mm] q_y = -k_y \dfrac{\partial\varphi}{\partial y} \\[2mm] q_z = -k_z \dfrac{\partial\varphi}{\partial z} \end{cases} \qquad (2.29)$$

对于一维形式，沿主河道 t 时刻用水对象 i 的水资源流量计算公式可表示为

$$q = -k\frac{\Delta\varphi}{\Delta l} \qquad (2.30)$$

式中：φ 为水资源势能，J；l 为用水对象 i 点以上主河道河长，m。

2.3.2 水资源分配连续方程

在水资源势能场中任取一个用水对象点 (x, y, z)，并以该点为中心取一个微小的单元体。六面体的边长分别为 Δx、Δy 和 Δz，且和相应的坐标轴平行，如图 2.7 所示。

分析 $[t, t+\Delta t]$ 时段内单元体的水资源分配质量守恒问题。设单元体中心水资源运动通量在三个方向上的分量分别为 q_x、q_y 和 q_z，水的密度为 ρ_w。取平行于坐标平面 yoz 的二个侧面 $ABCD$ 和 $A'B'C'D'$，其面积为 $\Delta y\Delta z$。自 $ABCD$ 侧面流入的水资源流量为 $q_x - \dfrac{1}{2}\dfrac{\partial q_x}{\partial x}\Delta x$，在 Δt 时间内流入单元体内的水资源质量为

$$\rho_w q_x \Delta y\Delta z\Delta t - \frac{1}{2}\frac{\partial(\rho_w q_x)}{\partial x}\Delta x\Delta y\Delta z\Delta t$$

自右界面 $A'B'C'D'$ 流出的水资源流量为 $q_x + \dfrac{1}{2}\dfrac{\partial q_x}{\partial x}\Delta x$，在 Δt 时间内流出单元体内的水资源质量为

$$\rho_w q_x \Delta y\Delta z\Delta t + \frac{1}{2}\frac{\partial(\rho_w q_x)}{\partial x}\Delta x\Delta y\Delta z\Delta t$$

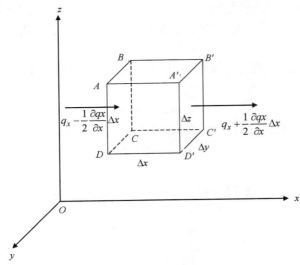

图 2.7　直角坐标系中的单元体

沿 x 轴方向流入单元体和流出单元体的水资源质量之差为

$$-\frac{\partial(\rho_w q_x)}{\partial x}\Delta x\Delta y\Delta z\Delta t$$

用同样方法，可得在 y 及 z 方向流入与流出的水资源质量差为

$$-\frac{\partial(\rho_w q_y)}{\partial y}\Delta y\Delta z\Delta x\Delta t$$

$$-\frac{\partial(\rho_w q_z)}{\partial z}\Delta z\Delta x\Delta y\Delta t$$

在单元体内，水资源质量为 $\rho_w W\Delta x\Delta y\Delta z\Delta t$ ，其中，W 为水资源变化率。根据质量守恒定律，流入单元体和流出单元体的水资源质量之差等于单元体内水资源质量的变化量。因此：

$$\frac{\partial(\rho_w W)}{\partial t}\Delta x\Delta y\Delta z\Delta t=-\left[\frac{\partial(\rho_w q_x)}{\partial x}+\frac{\partial(\rho_w q_y)}{\partial y}+\frac{\partial(\rho_w q_z)}{\partial z}\right]\Delta x\Delta y\Delta z\Delta t \quad （2.31）$$

除以 ρ_w 和 $\Delta x\Delta y\Delta z\Delta t$ 后可得出水资源分配连续方程：

$$\frac{\partial W}{\partial t}=-\left[\frac{\partial q_x}{\partial x}+\frac{\partial q_y}{\partial y}+\frac{\partial q_z}{\partial z}\right] \quad （2.32）$$

式中：正负号表示流入为正，流出为负。

2.3.3 水资源分配基本方程

水资源分配的基本方程由水资源分配连续方程和运动方程组成:

$$\begin{cases} \dfrac{\partial W}{\partial t} = -\left[\dfrac{\partial q_x}{\partial x} + \dfrac{\partial q_y}{\partial y} + \dfrac{\partial q_z}{\partial z} \right] \\ q = -k\nabla\varphi \end{cases} \qquad (2.33)$$

式（2.33）中 q_x、q_y 和 q_z 可通过 $\varphi_x(x,y,z,t)$、$\varphi_y(x,y,z,t)$ 和 $\varphi_z(x,y,z,t)$ 求得，因此，独立未知量只有 $W(x,y,z,t)$。若计算 W 为正，则表示水资源分配量增加；若 W 为负，则水资源分配量减少。

若只考虑一维问题，沿着主河道水资源分配基本方程为

$$\frac{\partial W}{\partial t} = \frac{\mathrm{d}}{\mathrm{d}l}\left[k\frac{\mathrm{d}\phi}{\mathrm{d}l} \right] \qquad (2.34)$$

2.4 水资源分配理论用途

2.4.1 水资源分配空间变化方向判断

根据式（2.24），计算 t 时刻 i 用水对象的水资源势能 $\varphi_{i,t}$ 和 $i+1$ 用水对象的水资源势能 $\varphi_{i+1,t}$，可求出 i 与 $i+1$ 用水对象之间水资源势能的变化量 $\Delta\varphi_{i,i+1,t}$：

$$\Delta\varphi_{i,i+1,t} = \varphi_{i+1,t} - \varphi_{i,t} \qquad (2.35)$$

根据式（2.35）可以判断 i 与 $i+1$ 用水对象之间水资源的变化方向。如果 $\Delta\varphi_{i,i+1,t} > 0$，水资源量由 $i+1$ 用水对象向 i 用水对象转移；如果 $\Delta\varphi_{i,i+1,t} = 0$，水资源量在 i 与 $i+1$ 之间没有发生转移；如果 $\Delta\varphi_{i,i+1,t} < 0$，水资源量由 i 用水对象向 $i+1$ 用水对象转移。

2.4.2 水资源分配时间变化方向判断

根据式（2.24）计算 i 用水对象 t 时刻和 $t+1$ 时刻的水资源势能 $\varphi_{i,t}$ 和 $\varphi_{i,t+1}$，可求出 $[t,t+1]$ 时段 i 用水对象水资源势能的变化量 $\Delta\varphi_{i,t,t+1}$：

$$\Delta\varphi_{i,t,t+1} = \varphi_{i,t+1} - \varphi_{i,t} \qquad (2.36)$$

根据式（2.36）判断 i 用水对象在 $[t,t+1]$ 时段内水资源的变化方向。如果 $\Delta\varphi_{i,t,t+1} > 0$，用水对象 i 的水资源量在 $[t,t+1]$ 时段内增加；如果 $\Delta\varphi_{i,t,t+1} = 0$，用水对象 i 的水资源量在 $[t,t+1]$ 时段内没有变化；如果 $\Delta\varphi_{i,t,t+1} < 0$，用水对象 i 的

水资源量在 $[t,t+1]$ 时段内减小。

2.4.3　水资源量计算

根据上述计算的水资源变化率 W，可计算水资源分配量：

$$wtp = W\Delta x\Delta y\Delta z\Delta t \tag{2.37}$$

式中：wtp 为水资源分配量；W 为水资源变化率。

对于一维问题，沿主河道的水资源分配量为

$$wtp = W\Delta l\Delta t \tag{2.38}$$

2.5　小结

自然界中的物体都具有能量，而且，普遍的趋势是物体由能量高的状态向能量低的状态运动，最终达到能量的平衡状态。势能是描述物体能量的一种有效形式，在人类利用水资源的过程中，水资源量的空间运动规律与通常用势能描述的其他系统（如重力场、电磁场等）中的物体具有极其类似的表现形式。本章类比热力学方法，定义了水资源势能概念；根据水资源分配的地理动力、效率动力和制度动力，诠释了地理势能、效率势能和制度势能的涵义；根据水资源分配运动方程和连续方程，建立了水资源分配的基本方程。

第3章 水资源分配阶段

纵观人类开发利用水资源的历史，人类对水资源的开发利用是伴随着社会发展和经济增长而进行的。水资源开发利用在改变着流域水资源循环规律的同时，也促进和影响着区域社会经济发展以及生态环境格局。水资源开发方式的改变、社会经济发展和生态环境的变化使得水资源分配（利用）表现出明显的阶段性。

以美国不同行业取水量（表 3.1）为例，1950—2000 年，美国灌溉取水量从 1950 年的 1229.6 亿 m³ 持续增加到 1980 年的 2072.3 亿 m³，增加了 68%，其后灌溉取水量开始下降，1985—2000 年基本保持在 1800 亿—1900 亿 m³。美国工业（火电和其他工业）取水量从 1950 年的 1063.8 亿 m³ 增加到 1980 年的 3522.9 亿 m³，1985—2000 年，工业取水量基本保持在 3000 亿 m³ 左右。

表 3.1 美国 1950—2000 年取水量 单位：亿 m³

年份	公共供水	自供居民	牲畜和水产养殖	灌溉	火电	其他工业
1950	193.4	29.0	20.7	1229.6	552.6	511.2
1955	234.9	29.0	20.7	1519.6	994.7	538.8
1960	290.1	27.6	22.1	1519.7	1381.5	525.0
1965	331.6	31.8	23.5	1657.8	1796.0	635.5
1970	373.0	35.9	26.2	1796.0	2348.6	649.3
1975	400.6	38.7	29.0	1934.1	2763.1	621.7
1980	469.7	47.0	30.4	2072.3	2901.2	621.7
1985	504.3	45.9	61.8	1892.7	2583.5	421.4
1990	531.9	46.8	62.2	1892.7	2694.0	413.1
1995	555.4	46.8	75.8	1851.2	2624.9	402.0
2000	598.2	49.6	75.4	1892.7	2694.0	320.5

图 3.1 显示了美国 1950—2000 年工业取水增长率、灌溉取水增长率和生态耗水比例的变化情况。1950—1980 年期间，工业取水增长率和灌溉取水增长率均大于 0，工业取水增长率大于灌溉取水增长率，生态耗水比例逐步降低；1985—2000 年期间，工业取水增长率和灌溉取水增长率介于 $-1 \sim 1$ 之间，基本保持稳定的水平，生态耗水比例在 0.77 附近变化。

因此，自 1950 年以来，美国水资源分配经历了两个阶段：一个阶段特征是工业用水增长率和农业用水增长率均大于 0，生态耗水比例呈下降状态，表明社会经济用水在持续挤占生态环境用水；第二个阶段特征是工业用水增长率和农业用水增长率均接近于 0，生态耗水比例趋于稳定并有所提高，从水资源支撑条件讲，表明生态环境将停止退化并有所恢复。

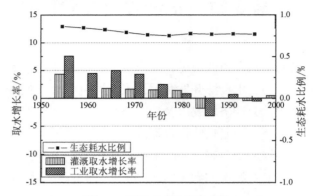

图 3.1 美国工农业用水变化

3.1 水资源分配阶段划分

3.1.1 阶段划分

在不同历史时期，地理势能、效率势能和制度势能发挥作用不同，外在表现为农业用水、工业用水、总用水和生态用水指标发生变化，如图 3.2 所示。

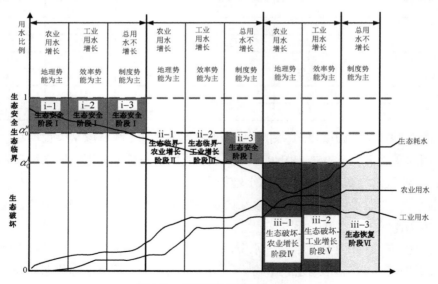

图 3.2 水资源分配阶段示意图

采用生态和社会经济两类用水指标对水资源分配阶段进行划分，见表 3.2。根据生态耗水比例 α_E 是否大于生态需水系数 α_0（上限 α_0^u 和下限 α_0^l），将水资源分配阶段划分为：生态安全阶段、生态临界阶段、生态破坏阶段和生态恢复阶段。根据农业用水增长率 β_A、工业用水增长率 β_I 和总用水增长率 β_S 是否大于 0，将水资源分配阶段划分为农业用水增长阶段、工业用水增长阶段、总用水不增长等阶段。

表 3.2　水资源分配阶段细类划分

生态环境分类（i～iv）	社会经济用水分类（1～3）	阶段指标
生态安全（i） $\alpha_E > \alpha_0^u$	农业用水增长（1）：$\beta_A \geq \beta_I$	i-1：$\alpha_E > \alpha_0^u, \beta_A \geq \beta_I$
	工业用水增长（2）：$\beta_I > \beta_A$	i-2：$\alpha_E > \alpha_0^u, \beta_I > \beta_A$
	总用水不增长（3）：$\beta_S \leq 0$	i-3：$\alpha_E > \alpha_0^u, \beta_S \leq 0$
生态临界（ii） $\alpha_E \in \left[\alpha_0^l, \alpha_0^u\right]$	农业用水增长（1）：$\beta_A \geq \beta_I$	ii-1：$\alpha_E \in \left[\alpha_0^l, \alpha_0^u\right], \beta_A \geq \beta_I$
	工业用水增长（2）：$\beta_I > \beta_A$	ii-2：$\alpha_E \in \left[\alpha_0^l, \alpha_0^u\right], \beta_I > \beta_A$
	总用水不增长（3）：$\beta_S \leq 0$	ii-3：$\alpha_E \in \left[\alpha_0^l, \alpha_0^u\right], \beta_S \leq 0$
生态破坏（iii） $\alpha_E < \alpha_0^l$	农业用水增长（1）：$\beta_A \geq \beta_I$	iii-1：$\alpha_E < \alpha_0^l, \beta_A \geq \beta_I$
	工业用水增长（2）：$\beta_I > \beta_A$	iii-2：$\alpha_E < \alpha_0^l, \beta_I > \beta_A$
生态恢复（iv） $\alpha_E < \alpha_0^l$	总用水量不增长（3）：$\beta_S \leq 0$	iv-3：$\alpha_E < \alpha_0^l, \beta_S \leq 0$

对表 3.2 进行归纳：当生态耗水比例大于生态环境需水系数时，生态是安全的，在这种状态下，研究工农业用水增长率是否大于 0 以及增长率谁大谁小的意义不大，因此，将 i-1、i-2 和 i-3 合并为一大类——生态安全阶段。考虑到生态临界—总用水不增长阶段（ii-3）对于生态环境来说也是安全的，因此，将该阶段也划入生态安全阶段大类中。水资源分配阶段细类归纳合并后得到六大类，包括生态安全阶段、生态临界-农业增长阶段、生态临界-工业增长阶段、生态破坏-农业增长阶段、生态破坏-工业增长阶段和生态恢复阶段，见表 3.3。

表 3.3　水资源分配阶段归类

阶段名称	包含的阶段细类
生态安全阶段（Ⅰ）	i-1、i-2、i-3 和 ii-3
生态临界-农业增长阶段（Ⅱ）	ii-1
生态临界-工业增长阶段（Ⅲ）	ii-2
生态破坏-农业增长阶段（Ⅳ）	iii-1
生态破坏-工业增长阶段（Ⅴ）	iii-2
生态恢复阶段（Ⅵ）	iv-3

生态耗水比例 α_E 的计算公式为

$$\alpha_E = \frac{W_E}{W_T} \qquad\qquad (3.1)$$

生态环境需水系数 α_0 与生态环境需水量的关系为

$$\alpha_0 = \frac{W_E'}{W_T} \qquad\qquad (3.2)$$

式中：α_E 为生态耗水比例；W_E 为生态耗水量；W_T 为水资源总量；α_0 为生态环境需水系数；W_E' 为生态环境需水量。

3.1.2　生态环境需水

生态环境需水的主要参数是生态环境需水量和生态环境需水系数。

生态环境需水量是一个被广泛使用的术语，其基本内涵是：为改善或维持生态环境质量不至于进一步下降时所需要的最小水量。其中，维持、改善或扩大生态系统的生命功能所需要的水量为生态需水。环境的概念很广泛，环境主体既包括社会环境、经济环境，又可以指自然环境等，环境需水一般较难定义。从水资源规划角度看，环境一般仅局限于与人类生存和发展有关的城市环境、河湖水体质量等方面，也就是说，生态环境需水概念，重点考虑生态需水，兼顾与水有关的环境需水。

从生态系统来说，生态系统可以分为人工生态系统和天然生态系统两大类。天然生态系统的水需求，主要靠天然降水以及维持适宜的地下水位来满足，这部分需求通常是靠自然平衡得以实现，是被动的。人工生态系统，是除了自然平衡得以满足一部分水需求外，有很大的一部分是通过工程措施或非工程措施来满足，是可以调配的。

按照河道内和河道外两类口径分别计算生态环境需水量。河道外生态环境需水量为水循环过程中扣除本地有效降雨后，需要占用总的水资源量中以满足植被生存耗水量基本需求的水量。它主要考虑不同的生态类型（林、草等）的生态环境需水量。河道内生态环境需水量是维系河流或湖泊生态环境平衡的最小水量。它主要从实现河流的功能以及考虑不同水体角度出发，包括非汛期维持河道内生物及其生态环境的基本生态环境需水量，汛期河流的输沙用水量、防止河道断流、湖泊萎缩等。

生态环境需水系数与气候带及其生态环境类型和生态功能有关。利用自然地带性，根据干湿状况、地形特征、土壤类型及水文条件等，可进行自然区划，确定生态环境需水系数。其中，根据干湿状况水分条件，可将我国划分为 4 个区：干旱区、半干旱区、半湿润区、湿润区。

在西北内陆干旱区，中国工程院研究结果表明，要保证生态环境需水量不低于水资源总量的 50%;在湿润区,生态环境需水量应该不低于水资源总量的 80%。参考部分学者研究成果,计算半干旱区生态环境需水量,结果表明,生态环境需水量占水资源总量的 60% 左右。不同气候分区下生态环境需水系数的确定一般情况可参照表 3.4 选取。

表 3.4　生态环境需水系数

气候分区	干旱区	半干旱区	半湿润区	湿润区
干旱指数 I_0	$I_0 \geq 5$	$3 \leq I_0 < 5$	$1 < I_0 < 3$	$I_0 \leq 1$
生态环境需水系数 α_0	$0.45 \leq \alpha_0 < 0.55$	$0.55 \leq \alpha_0 < 0.65$	$0.65 \leq \alpha_0 < 0.75$	$0.75 \leq \alpha_0 \leq 0.85$

3.2　水资源分配阶段特征

水资源分配阶段划分主要目的是为流域未来可能所处的水资源分配阶段提供方向。由于地理势能、效率势能和制度势能发挥作用的不同,导致了生态安全阶段、生态临界-农业增长阶段、生态临界-工业增长阶段、生态破坏-农业增长阶段、生态破坏-工业增长阶段和生态恢复阶段未来发展方向的不同,引起了社会经济发展和生态环境建设表现出明显的阶段特征。

（1）生态安全阶段。在生态安全阶段,降雨相对充足,水资源可利用量满足经济社会用水量,自然生态未受到破坏。

在干旱区,这一阶段的生产力水平不高,人类改造利用自然受到限制。流域上中游用水较少,河流水量除了沿途消耗外,大部分输往下游,下游不干旱缺水,因此,下游生态植被生长良好,生态处于自然平衡阶段。以塔里木河为例,在这个阶段,人工绿洲面积很小,农业灌溉用水有限,水资源除消耗在自然植被蒸腾外,由塔里木河汇聚塔里木盆地各主要河流的水量,最后都归宿于罗布泊,使罗布泊的面积达"广袤三百里,其水亭居,冬夏不增减"。从社会经济条件来看,农业处于刀耕火种阶段,农牧结合,仅能维持最低生活水平。

生态安全阶段是水资源分配的理想阶段,是人与自然和谐相处的完美体现。

（2）生态临界-农业增长阶段。在生态临界-农业增长阶段,随着生产工具的提高和水利技术的发展,增强了人们的治水能力,人们开始开荒造田,发展灌溉。农业的发展使得从河道中引水量增加,河流输往下游的水量减少。特别是春季,河流来水量很小,又适值播种时期,引水量增加,常造成河水断流,无水到达下游,使得下游生态环境恶化,如塔里木河流域楼兰古城最后被流沙吞没。由于农业用水增加,水量地域分配不平衡,发生缺水和水荒现象,原始的生态开始解体,流域生态平衡开始出现上下游之间的失调，生态环境遭到破坏，处于警戒状态。

这一阶段稳定性较差，未来的发展方向是：如果效率势能发挥主要作用，将进入生态临界-工业增长阶段或生态破坏-工业增长阶段；如果制度势能发挥作用，可能向生态安全阶段过渡。

（3）生态临界-工业增长阶段。在生态临界-工业增长阶段，随着生产力水平的提高，由于工业效率高于农业，工业的势能低于农业的势能，农业用水向工业用水转移。工业用水逐渐增多，工业用水增长率大于 0，大于农业用水增长率，进入生态临界-工业增长阶段。这一时期，农业逐步实现了部分机械化和部分电气化，经济发展进入工业化阶段。农业产业结构调整和灌溉效率提高，亩均粮食产量增加。社会经济用水的增加导致生态用水比例减小，生态环境处于警戒状态，土壤次生盐碱化、下游缺水断流、沙漠化现象开始出现。

这一阶段比较短暂，未来流域的走向是：如果水政策和水法规继续不健全，效率势能继续发挥主要作用，则流域将进入生态破坏-工业增长阶段；但是，如果制度势能发挥主要作用，该阶段可能进入生态安全阶段。

（4）生态破坏-农业增长阶段。在生态破坏-农业增长阶段：由于地理势能发挥主要作用，上中游的人们大量的开荒造田，农业用水增长较快，农业用水增长率大于工业用水增长率。由于与水资源和生态环境有关的制度建设比较薄弱，制度势能没有发挥应有的作用，社会经济用水挤占生态环境用水，生态耗水比例小于生态需水系数，自然生态破坏严重。与生态临界-农业增长阶段相比，该阶段社会经济发展明显加快，农业用水效益有所提高，农业总产值、人均粮食产量有所增大，人们的生活水平得到提高。但是，该阶段的经济增长是以牺牲生态环境为前提的，是不可持续的。

该阶段未来可能的走向是：如果地理势能发挥主要作用，将继续停留在生态破坏-农业增长阶段；如果效率势能发挥主要作用，将进入生态破坏-工业增长阶段；如果制度势能发挥作用，将进入生态临界-农业增长阶段或生态临界-工业增长阶段。

（5）生态破坏-工业增长阶段。在该阶段，由于片面追求经济效益，效率势能发挥重要作用，工业用水增长较快，大于农业用水增长速度。经济发展属于粗放型增长方式，尽管经济增长较快，但是生态环境受到破坏。这一时期，社会经济用水的增加导致生态用水减小，生态耗水比例小于生态需水系数，土壤次生盐碱化、下游缺水断流、沙漠化现象极其严重。与生态破坏-农业增长阶段相比，该阶段的用水效益比较明显，人均 GDP、人均粮食产量、单方水工业增加值等指标均有所提高。

该阶段未来可能发展方向是：如果效率势能发挥主要作用，将继续在生态破坏-工业增长阶段停留；如果制度势能发挥主要作用，将进入生态临界-工业增长阶段。

（6）生态恢复阶段。随着人们对生态环境关注程度的增加，水资源管理制度逐渐完善，水资源管理手段逐渐增强，制度势能发挥主要作用，进入生态恢复阶段。在该阶段，由于实行人工调控的灌溉方式，生态用水比例逐步增大，生态保护面积扩大，重建生态平衡。由于经济的发展和社会的进步，工业和农业用水减少，用水效率提高，万元工业产值耗水量减少，单方水粮食产量增加，单方水 GDP 产值也将增加，社会经济进入良性发展时期。生态恢复阶段未来最终将会进入生态安全阶段。

3.3   全国二级流域分析

根据表 3.2 的水资源分配阶段划分指标，对全国 71 个二级流域所处的水资源分配阶段进行划分，分析水资源分配不同阶段的水资源与社会经济指标变化，及阶段划分与上下游分区和气候分区关系。

3.3.1   阶段分析

采用全国水资源综合规划部分成果，计算全国 71 个二级流域[❶]的农业用水增长率 β_A、工业用水增长率 β_I、总用水增长率 β_S 和生态环境耗水比例 α_E，对二级流域所处水资源分配阶段进行细类划分，详见表 3.5。

表 3.5   2000 年全国二级流域水资源分配阶段划分

一级流域	二级流域名称	工业用水增长率/%	农业用水增长率/%	总用水增长率/%	生态耗水比例	社会经济用水状态	生态环境状态	水资源分配阶段
松花江流域	额尔古纳河	-4.74	2.70	-1.97	0.98	用水不增长	生态安全	生态安全阶段
	嫩江	7.57	8.36	8.20	0.84	农业用水增长	生态安全	生态安全阶段
	第二松花江	-0.07	4.73	4.26	0.81	农业用水增长	生态安全	生态安全阶段
	松花江	14.86	0.59	2.22	0.82	工业用水增长	生态安全	生态安全阶段
	黑龙江干流	7.91	6.68	6.73	0.97	工业用水增长	生态安全	生态安全阶段
	乌苏里江	15.82	14.39	14.46	0.68	工业用水增长	生态临界	生态临界-工业增长阶段

❶ 由于资料限制，一些二级流域如古尔班通古特荒漠区、塔里木盆地荒漠区、塔里木河干流和台湾金马诸河未进行划分。

一级流域	二级流域名称	工业用水增长率/%	农业用水增长率/%	总用水增长率/%	生态耗水比例	社会经济用水状态	生态环境状态	水资源分配阶段
松花江流域	绥芬河	16.71	-7.11	-2.59	0.97	用水不增长	生态安全	生态安全
	图们江	20.51	5.71	7.27	0.93	工业用水增长	生态安全	生态安全
海河流域	滦河及冀东沿海	-1.13	-1.46	-1.42	0.59	用水不增长	生态恢复	生态恢复阶段
	海河北系	3.07	-0.54	-0.20	0.38	用水不增长	生态恢复	生态恢复阶段
	海河南系	-0.07	4.63	4.11	0.19	农业用水增长	生态破坏	生态破坏-农业增长阶段
淮河流域	淮河上游	7.18	1.04	1.34	0.85	工业用水增长	生态临界	生态临界-工业增长阶段
	淮河中游	0.81	2.24	2.12	0.66	农业用水增长	生态临界	生态临界-农业增长阶段
	淮河下游	-2.93	-4.88	-4.84	0.27	用水不增长	生态恢复	生态恢复阶段
	沂沭泗河	0.09	0.96	0.91	0.43	农业用水增长	生态破坏	生态破坏-农业增长阶段
	山东半岛沿海诸河	5.17	0.79	1.30	0.43	工业用水增长	生态破坏	生态破坏-工业增长阶段
黄河流域	龙羊峡以上	-8.18	1.54	1.28	0.99	农业用水增长	生态安全	生态安全阶段
	龙羊峡至兰州	2.75	0.38	0.74	0.83	工业用水增长	生态安全	生态安全阶段
	兰州至河口镇	0.90	-0.85	-0.78	-1.82	用水不增长	生态恢复	生态恢复阶段
	河口镇至龙门	10.23	-0.03	0.70	0.84	工业用水增长	生态安全	生态安全阶段
	龙门至三门峡	2.74	-0.63	-0.27	0.49	用水不增长	生态恢复	生态恢复阶段
	三门峡至花园口	5.18	-2.05	-0.95	0.66	用水不增长	生态临界	生态安全阶段
	花园口以下	5.41	-0.26	0.08	-0.05	工业用水增长	生态破坏	生态破坏-工业增长阶段
	内流区	20.78	0.98	1.48	0.73	工业用水增长	生态安全	生态安全阶段
辽河流域	西辽河	32.91	-1.05	-0.23	0.56	用水不增长	生态恢复	生态恢复阶段
	东辽河	7.40	1.60	1.74	0.43	工业用水增长	生态破坏	生态破坏-工业增长阶段
	辽河干流	4.50	-2.41	-2.11	0.60	用水不增长	生态恢复	生态恢复阶段
	浑太河	-7.00	5.11	2.56	0.46	农业用水增长	生态破坏	生态破坏-农业增长阶段
	鸭绿江	7.48	-9.70	-6.99	0.97	用水不增长	生态安全	生态安全阶段
	东北沿黄渤海诸河	-4.67	-1.17	-1.68	0.81	用水不增长	生态安全	生态安全阶段
东南诸河	钱塘江	1.96	1.71	1.75	0.92	工业用水增长	生态安全	生态安全阶段
	浙东诸河	9.51	-0.54	0.92	0.84	工业用水增长	生态临界	生态临界-工业增长阶段
	浙南诸河	14.43	0.17	2.64	0.92	工业用水增长	生态安全	生态安全阶段

一级流域	二级流域名称	工业用水增长率/%	农业用水增长率/%	总用水增长率/%	生态耗水比例	社会经济用水状态	生态环境状态	水资源分配阶段
东南诸河	闽东诸河	7.25	-5.37	-3.58	0.96	用水不增长	生态安全	生态安全阶段
	闽江	3.45	-1.61	-0.67	0.95	用水不增长	生态安全	生态安全阶段
	闽南诸河	11.08	-5.66	-3.37	0.90	用水不增长	生态安全	生态安全阶段
长江流域	金沙江石鼓以下	3.13	0.80	1.02	0.96	工业用水增长	生态安全	生态安全阶段
	岷沱江	4.90	0.21	1.34	0.95	工业用水增长	生态安全	生态安全阶段
	嘉陵江	10.45	1.17	2.45	0.94	工业用水增长	生态安全	生态安全阶段
	乌江	8.80	-0.90	-0.20	0.96	用水不增长	生态安全	生态安全阶段
	宜宾至宜昌	6.36	-1.47	-0.11	0.95	用水不增长	生态安全	生态安全阶段
	洞庭湖水系	4.61	-0.15	0.26	0.90	工业用水增长	生态安全	生态安全阶段
	汉江	1.80	-0.09	0.28	0.88	工业用水增长	生态安全	生态安全阶段
	鄱阳湖水系	-1.25	-0.83	-0.87	0.92	用水不增长	生态安全	生态安全阶段
	宜昌至湖口	5.28	0.05	1.08	0.87	工业用水增长	生态安全	生态安全阶段
	湖口以下干流	-0.96	-2.33	-2.15	0.81	用水不增长	生态临界	生态安全阶段
	太湖水系	-3.98	-1.64	-1.94	0.38	用水不增长	生态恢复	生态恢复阶段
西南诸河	红河	1.47	2.75	2.73	0.97	农业用水增长	生态安全	生态安全阶段
	澜沧江	6.24	1.60	1.73	0.98	工业用水增长	生态安全	生态安全阶段
	怒江及伊洛瓦底江	1.56	3.62	3.58	0.99	农业用水增长	生态安全	生态安全阶段
	雅鲁藏布江	6.75	3.12	3.46	1.00	工业用水增长	生态安全	生态安全阶段
珠江流域	南北盘江	2.24	1.16	1.22	0.95	工业用水增长	生态安全	生态安全阶段
	红柳江	4.33	-0.79	-0.43	0.96	用水不增长	生态安全	生态安全阶段
	郁江	3.94	-0.15	0.05	0.91	工业用水增长	生态安全	生态安全阶段
	西江	2.71	-1.59	-1.30	0.92	用水不增长	生态安全	生态安全阶段
	北江	5.16	-2.75	-2.24	0.95	用水不增长	生态安全	生态安全阶段
	东江	10.29	-2.81	-2.04	0.95	用水不增长	生态安全	生态安全阶段
	珠江三角洲	8.35	-5.20	-1.41	0.84	用水不增长	生态临界	生态安全阶段
	韩江及粤东诸河	5.67	-1.38	-0.86	0.92	用水不增长	生态安全	生态安全阶段
	粤西桂南沿海诸河	-0.26	-0.09	-0.10	0.92	用水不增长	生态安全	生态安全阶段
	海南岛及南海各岛诸河	-4.21	0.88	0.74	0.93	农业用水增长	生态安全	生态安全阶段
西北诸河	内蒙古内陆河	3.45	9.32	9.06	0.86	农业用水增长	生态安全	生态安全阶段
	河西走廊内陆河	2.89	0.50	0.58	0.08	工业用水增长	生态破坏	生态破坏-工业增长阶段

续表

一级流域	二级流域名称	工业用水增长率/%	农业用水增长率/%	总用水增长率/%	生态耗水比例	社会经济用水状态	生态环境状态	水资源分配阶段
西北诸河	青海湖水系	6.47	-1.01	-1.00	0.91	用水不增长	生态安全	生态安全阶段
	柴达木盆地	11.45	14.36	14.08	0.87	农业用水增长	生态安全	生态安全阶段
	吐哈盆地小河	3.47	-0.60	-0.52	0.35	用水不增长	生态恢复	生态恢复阶段
	阿尔泰山南麓诸河	2.95	1.88	1.88	0.76	工业用水增长	生态安全	生态安全阶段
	中亚西亚内陆河区	5.32	-5.36	-5.29	0.83	用水不增长	生态安全	生态安全阶段
	天山北麓诸河	7.70	1.44	1.59	0.39	工业用水增长	生态破坏	生态破坏-工业增长阶段
	塔里木河源流	-0.53	0.31	0.31	0.44	农业用水增长	生态破坏	生态破坏-农业增长阶段
	昆仑山北麓小河	-1.26	1.80	1.80	0.77	农业用水增长	生态安全	生态安全阶段

从表 3.5 可以看出，处于生态安全-农业用水增长阶段的二级流域有 9 个，占二级流域总数 12.68%；处于生态安全-工业用水增长阶段的二级流域有 19 个，占二级流域总数 26.76%；处于生态安全-用水不增长阶段二级流域有 18 个，占二级流域 25.35%；处于生态临界-农业用水增长阶段的二级流域有 1 个，占二级流域 1.41%；处于生态临界-工业用水增长阶段的二级流域有 3 个，占二级流域 4.23%；处于生态临界-用水不增长阶段流域有 3 个，占二级流域总数的 4.23%；处于生态破坏-农业用水增长阶段流域有 4 个，占二级流域总数的 5.63%；处于生态破坏-工业用水增长阶段流域有 5 个，占二级流域总数 7.04%；处于生态恢复-用水不增长阶段流域有 9 个，占二级流域总数 12.68%。

从表 3.5 中也可以看出：大部分南部地区处于生态安全-工业用水增长阶段阶段和生态安全-农业用水增长阶段；大部分东北部地区处于生态安全阶段（包括生态安全-农业用水增长阶段、生态安全-工业用水增长阶段和生态安全-用水不增长阶段）。

处于生态临界-工业用水增长阶段的流域包括乌苏里江、淮河上游和浙东诸河，这些区域工业用水增长幅度较大，生态环境处于临界状态，如果不加以控制社会经济用水量，将会进入生态破坏阶段。

处于生态临界-农业用水增长阶段的流域只有淮河中游（王家坝至洪泽湖出口）。

处于生态破坏-工业用水增长阶段的流域有：东辽河、花园口以下、河西走廊内陆河，这些流域大多位于流域中下游，由于地理动力属于劣势，上游用水的增加,导致流域来水减小,同时,社会经济的迅速发展,引起社会经济用水的增加,造成生态环境耗水逐步减小和生态环境的恶化。

处于生态破坏-农业用水增长阶段的流域有:浑太河、海河南系、沂沭泗河和塔里木河源流,这些流域大多也位于流域下游,工农业相对不发达,社会经济用水中农业用水占了很大比重。

处于生态恢复阶段的流域有:西辽河、辽河干流、滦河及冀东沿海诸河、海河北系、兰州至河口镇、龙门至三门峡、淮河下游和太湖水系等,这些流域大多位于流域中下游,工农业较发达,生态环境恶化严重,相关的生态建设和水管理制度正在实施,生态环境正在得到逐步改善。

3.3.2 水资源与社会经济指标

表 3.6 列出了 2000 年全国二级流域生态安全阶段、生态临界-农业增长阶段、生态临界-工业增长阶段、生态破坏-农业增长阶段、生态破坏-工业增长阶段和生态恢复阶段的水资源与社会经济指标平均值。

表 3.6 2000 年二级流域水资源分配阶段指标平均值

特征	指标	生态安全阶段	生态临界-农业增长阶段	生态临界-工业增长阶段	生态破坏-农业增长阶段	生态破坏-工业增长阶段	生态恢复阶段
水资源	水资源利用率/%	9.96	34.40	20.92	61.94	74.20	80.04
	人均水资源量 /(m³/人)	8220.04	457.06	1687.36	1382.18	974.62	738.57
	亩均水资源量 /(m³/亩)	4091.39	331.69	976.82	715.43	355.98	404.61
社会经济	人均粮食产量 /(kg/人)	6864.47	4625.22	8487.52	8337.88	9008.84	9777.27
	人均耕地面积 /(亩/人)	373.74	453.96	628.19	386.35	504.16	362.12
	人均 GDP /(元/人)	2.40	1.38	3.23	1.47	2.50	2.21
	人均社会经济耗水 /(m³/人)	353.61	149.56	393.53	611.19	640.67	403.58
	单方水工业增加值 /(元/m³)	145.14	173.82	191.85	182.36	155.68	217.52
	万元产值耗水定额 /(m³/万元)	34.18	16.90	34.25	20.33	30.76	24.69

在生态安全阶段:社会经济用水较少,水资源利用率小,仅为 9.96%;水资源较充分,人口和耕地面积较小,人均水资源量和亩均水资源量均很大,人均水资源量为 8220.04m³,亩均水资源量为 4091.39m³;单方水工业增加值在六个阶段中最小,为 145.14 元/m³;生产力发展水平低,万元产值耗水定额大,为 34.18m³/万元。

在生态临界-农业增长阶段[1]：生产力发展水平提高，单方水工业增加值增大。随着人口的增加，人均水资源量减小，人均粮食产量增大。随着耕地面积的增加，亩均水资源量减小，人均社会经济耗水增大。随着人口和耕地面积的增加，社会经济用水增多，水资源利用率提高，人均社会经济耗水增大，万元产值耗水定额减小。

在生态临界-工业增长阶段：社会经济用水增加，水资源利用率提高到20.92%；人口和耕地面积增长，人均水资源和亩均水资源减小，人均水资源为1687.36m³，亩均水资源为976.82m³；人均粮食产量和人均GDP增大，人均粮食产量为8487.52kg，人均GDP为3.23元。

在生态破坏-农业增长阶段：社会经济用水继续增加，水资源利用率提高到61.94%；随着人口和耕地面积的增加，人均水资源和亩均水资源量减小，该阶段人均水资源为1382.18m³，亩均水资源为715.43m³；社会经济效益指标小于生态临界-工业增长阶段指标，但大于生态临界-农业增长阶段指标，人均粮食产量为8337.88kg，人均GDP为1.47元，单方水工业增加值为182.36元；用水指标继续增大，人均社会经济耗水量为611.19m³。

在生态破坏-工业增长阶段：水资源利用率进一步提高，水资源利用率达到74.20%；人均水资源量和亩均水资源量继续减小，人均水资源量为974.62m³，低于临界值1000m³，亩均水资源量为355.98m³；经济效益明显提高，人均粮食产量和人均GDP增大，人均粮食产量为9008.84kg，人均GDP为2.50元；尽管处于生态破坏阶段，但人均社会经济耗水量和万元产值耗水定额继续增大，人均社会经济耗水量为640.67m³，万元产值耗水定额为30.76m³。

在生态恢复阶段：随着人口的增加，人均水资源量继续减小到738.57m³；耕地面积逐步减小，生态面积逐步增大，人均耕地面积减小到362.12亩，亩均水资源增大到404.61m³；随着生产力水平的提高，用水效益继续增大，人均粮食产量和单方水工业增加值继续增大，人均粮食产量为9777.27kg，单方水工业增加值217.52元；用水指标开始减小，人均社会经济耗水量减小到403.58m³，万元产值耗水定额减小到24.69m³。

3.3.3　阶段划分与上下游分布

选取黄河流域、长江流域、淮河流域和海河流域的上中下游二级流域，分析水资源分配阶段划分与上下游分布关系，见表3.7。

---

[1]　由于仅有一个流域处于生态临界-农业增长阶段，使得表3.5中该阶段的水资源和社会经济指标值代表性较差。

表 3.7　水资源分配阶段与上下游分布

分配阶段		上游	中游	下游	合计
生态安全阶段	个数	9	10	6	25
	占阶段比例/%	36.00	40.00	24.00	100.00
	占区域比例/%	81.82	83.33	54.55	
生态临界-农业增长阶段	个数	1	0	0	1
	占阶段比例/%	100.00	0.00	0.00	100.00
	占区域比例/%	9.09	0.00	0.00	
生态临界-工业增长阶段	个数	0	1	0	1
	占阶段比例/%	0.00	100.00	0.00	100.00
	占区域比例/%	0.00	8.33	0.00	
生态破坏-农业增长阶段	个数	0	0	2	2
	占阶段比例/%	0.00	0.00	100.00	100.00
	占区域比例/%	0.00	0.00	18.18	
生态破坏-工业增长阶段	个数	0	0	1	1
	占阶段比例/%	0.00	0.00	100.00	100.00
	占区域比例/%	0.00	0.00	9.09	
生态恢复阶段	个数	1	1	2	4
	占阶段比例/%	25.00	25.00	50.00	100.00
	占区域比例/%	9.09	8.33	18.18	
合计	个数	11	12	11	34
	区域总比例/%	100.00	100.00	100.00	100.00

从表 3.7 中可以看出：对于上游，有 9 个二级流域处于生态安全阶段，1 个处于生态临界-农业增长阶段，1 个处于生态恢复阶段；对于中游，有 10 个二级流域处于生态安全阶段，1 个处于生态临界-工业增长阶段，1 个处于生态恢复阶段；对于下游，有 6 个二级流域处于生态安全阶段，2 个处于生态破坏-农业增长阶段，1 个处于生态破坏-工业增长阶段，2 个处于生态恢复阶段。因此，上游 82%的二级流域处于生态安全阶段；中游 83%的二级流域处于生态安全阶段；下游 27%的二级流域处于生态破坏阶段和 18%的二级流域处于生态恢复阶段。

3.3.4　阶段划分与气候分区关系

选取干旱指数作为反映气候干湿程度的指标以分析阶段划分与气候干湿程度关系。根据干旱指数划分全国二级流域气候分区，分析水资源分配阶段划分与气候分区关系，见表 3.8。

表 3.8　水资源分配阶段与气候分区关系

分配阶段		湿润区	半湿润区	半干旱区	干旱区	合计
生态安全阶段	个数	27	16	0	6	49
	占阶段比例/%	55.11	32.65	0.00	12.24	100.00
	占区域比例/%	84.38	55.17	0.00	85.71	
生态临界-农业增长阶段	个数	2	1	0	0	3
	占阶段比例/%	66.67	33.33	0.00	0.00	100.00
	占区域比例/%	6.25	3.45	0.00	0.00	
生态临界-工业增长阶段	个数	0	1	0	0	1
	占阶段比例/%	0.00	100.00	0.00	0.00	100.00
	占区域比例/%	0.00	3.45	0.00	0.00	
生态破坏-农业增长阶段	个数	0	4	1	0	5
	占阶段比例/%	0.00	80.00	20.00	0.00	100.00
	占区域比例/%	0.00	13.79	33.33	0.00	
生态破坏-工业增长阶段	个数	1	2	0	1	4
	占阶段比例/%	25.00	50.00	0.00	25.00	100.00
	占区域比例/%	3.13	6.90	0.00	14.29	
生态恢复阶段	个数	2	5	2	0	9
	占阶段比例/%	22.22	55.56	22.22	0.00	100.00
	占区域比例/%	6.25	17.24	66.67	0.00	
合计	个数	32	29	3	7	71
	区域总比例/%	100.00	100.00	100.00	100.00	100.00

　　对于湿润区，有 27 个二级流域处于生态安全阶段，2 个流域处于生态临界-农业增长阶段，1 个流域处于生态破坏-工业增长阶段，2 个流域处于生态恢复阶段；对于半湿润区，处于生态安全阶段的流域有 16 个，处于生态临界-农业增长阶段和生态临界-工业增长阶段的流域各有 1 个，处于生态破坏-农业增长阶段的流域有 4 个，处于生态破坏-工业增长阶段的流域有 2 个，处于生态恢复阶段的流域有 5 个；全国半干旱区只有 3 个流域，1 个处于生态破坏-农业增长阶段，2 个处于生态恢复阶段，说明半干旱区全部处于生态已经破坏的阶段；对于干旱区，全国共有 7 个二级流域，6 个处于生态安全阶段，1 个处于生态破坏-工业增长阶段，说明大部分干旱区处于生态安全阶段。

　　整体来看，湿润区中 84.38%的流域处于生态安全阶段；半湿润区中，6.90%的流域处于生态临界阶段，20.69%的流域处于生态破坏阶段，17.24%的流域处于生态恢复阶段，因此，几乎 40%的半湿润区流域生态环境遭到破坏；3 个半干旱区的生态环境全部受到破坏，可喜的是，有 2 个流域正处于生态恢复阶段；干旱区 7 个流域中有 6 个流域处于生态安全阶段。

3.4 典型流域实证分析

以黄河流域和石羊河流域为典型，实证分析 1985—2000 年以来流域所处的水资源分配阶段。

3.4.1 黄河流域

黄河流域发源于青藏高原巴颜喀拉山北麓的约古宗列盆地，自西向东，流经青海、四川、甘肃、宁夏、内蒙古、山西、陕西、河南、山东等九省（自治区），在山东省垦利县注入渤海。黄河流域随着经济社会的迅速发展，上中游开始大修水利工程（表 3.9），用水出现紧张局面。

表 3.9 陕西省历史水利工程

时间	水利工程总数[①]	灌溉区工程数[②]	灌溉区平均面积/千亩
唐代以前	5	5	298
唐代	5	6	112
10—12 世纪	12	2	150
13 世纪	1	0	
14 世纪	2	2	21
15 世纪	9	6	17
16 世纪	28	5	7
17 世纪	78	18	8
18 世纪	92	15	5
19 世纪	1	5	1490

① 水利工程总数为新建工程，不包括废弃和修理工程。
② 灌溉区工程数属于水利工程总数之中。

此后，国民经济各部门的用水量超过黄河水资源承载能力，使黄河的基本生命流量难以保证，导致下游河段频繁断流（图 3.3）。1972—1999 年 28 年间，就有 22 年出现断流。黄河最下游的利津水文站累计断流 82 次 1070d。尤其进入 20 世纪 90 年代，年年出现断流，断流最严重的 1997 年，山东利津站断流 226d，330d 无黄河水入海。

黄河流域 1985—2000 年工业用水增长率 $\beta_I > 0$；1985 年，农业用水增长率 $\beta_A < 0$，1990—2000 年农业用水增长率 $\beta_A > 0$；1985—2000 年工业用水增长率大于农业用水增长率；生态环境耗水比例 α_E 均小于生态需水系数下限 α_0^l，见表 3.10。因此，黄河流域自 1985 年以来一直处于水资源分配的生态破坏-工业增长阶段。黄河流域未来可能发展方向是：如果效率势能发挥主要作用，将继续处于生态破坏-工业增长阶段；如果制度势能发挥主要作用，将会进入生态临界-工业增长阶段。

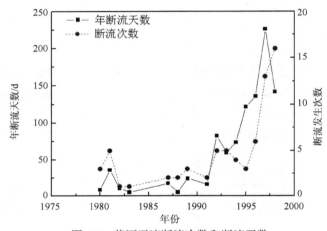

图 3.3　黄河干流断流次数和断流天数

表 3.10　黄河流域 1985—2000 年水资源分配阶段

年份	工业用水		农业用水		生态环境耗水	
	水量/亿 m³	增长率/%	水量/亿 m³	增长率/%	水量/亿 m³	比例/%
1980	27.16		298.28		376.06	52.30
1985	32.03	3.35	280.57	-1.46	385.94	53.68
1990	39.47	4.26	312.96	2.21	342.39	47.62
1995	54.08	6.5	319.91	0.44	315.95	43.94
2000	59.49	1.92	324.21	0.27	300.23	41.76

3.4.2　石羊河流域

汉代石羊河流域的自然环境，总体上来说干旱荒漠、农业基础薄弱，水利灌溉工程的兴修成就了当时的农业发展（图 3.4）。隋、唐时期，农业得到高速发展，大部分河流从长流水变成季节性间歇河流，流域湖水量迅速减少。清代流域人口和耕地面积增长较快，光绪年间已达 41 万人，耕地面积达 291 万亩（图 3.5）。由于大量引水灌田，流域所有的湖泊和沼泽迅速变成绿洲，原有各湖泊均因缺水变成湖滩荒地。

图 3.4   汉代石羊河流域水系图[1]   图 3.5   清代石羊河流域水系图

石羊河流域 1985—2000 年农业用水已经超过水资源总量，因此，生态环境耗水量 α_E 小于生态环境需水系数下限 α_0^l；工业用水增长率 $\beta_I > 0$；1985—1995 年农业用水增长率 $\beta_A < 0$，2000 年 $\beta_A > 0$；1985—2000 年工业用水增长率一直大于农业用水增长率（表 3.11）。因此，石羊河流域自 1985 年以来一直处于水资源分配的生态破坏-工业增长阶段。石羊河流域与黄河流域未来可能发展方向类似，即：如果制度势能发挥作用，将进入生态临界-工业增长阶段，否则还会在生态破坏-工业增长阶段停留。

表 3.11   石羊河流域 1985—2000 年水资源分配阶段

年份	工业用水		农业用水	
	水量/亿 m³	增长率/%	水量/亿 m³	增长率/%
1985	0.99	9.81	26.05	-3.36
1990	1.15	3.04	24.89	-0.91
1995	1.42	4.31	24.53	-0.29
2000	1.68	3.42	25.76	0.98

[1] 《石羊河流域水资源承载能力报告》，2003。

3.5　小结

本章主要对水资源势能主体——工业、农业和生态用水在不同历史时期发挥作用不同对水资源分配阶段进行划分，预测流域未来可能的水资源分配阶段。

通过对 2000 年全国 71 个二级流域阶段划分，主要得出以下结论：

（1）2000 年，处于生态安全阶段的流域有 49 个；处于生态临界-农业增长阶段的二级流域有 1 个；处于生态临界-工业增长阶段二级流域有 3 个；处于生态破坏-农业增长阶段二级流域有 4 个；处于生态破坏-工业增长阶段二级流域有 5 个；处于生态恢复阶段的二级流域有 9 个。

（2）生态安全阶段的水资源利用率仅为 9.96%，人均水资源量为 8220.04m³，亩均水资源量为 4091.39m³，单方水工业增加值为 145.14 元/m³，万元产值耗水定额为 34.18m³/万元；在生态临界-农业增长阶段，随着人口和耕地面积的增加，人均水资源量和亩均水资源量减小，人均粮食产量增大，万元产值耗水定额减小；生态临界-工业增长阶段的水资源利用率为 20.92%，人均水资源量为 1687.36m³，亩均水资源量为 976.82m³，人均粮食产量为 8487.52kg，人均 GDP 为 3.23 元；生态破坏-农业增长阶段的水资源利用率为 61.94%，人均水资源量为 1382.18m³，亩均水资源为 715.43m³，人均粮食产量为 8337.88kg，人均 GDP 为 1.47 元，人均社会经济耗水量为 611.19m³；生态破坏-工业增长阶段的水资源利用率达到 74.20%，人均水资源量为 974.62m³，亩均水资源量为 355.98m³，人均粮食产量为 9008.84kg，人均 GDP 为 2.50 元，人均社会经济耗水量为 640.67m³，万元产值耗水定额为 30.76m³；生态恢复阶段的人均水资源量减小至 738.57m³，人均耕地面积减小至 362.12 亩，亩均水资源增大到 404.61m³，人均粮食产量增大到 9777.27kg，单方水工业增加值增大到 217.52 元，人均社会经济耗水减小至 403.58m³，万元产值耗水定额减小至 24.69m³。

（3）黄河流域、石羊河流域中，上游流域中的 82%处于生态安全阶段；中游流域的 83%也处于生态安全阶段；下游有 27%的流域处于生态破坏阶段，18%的流域处于生态恢复阶段。

（4）湿润区中 84%的流域处于生态安全阶段；半湿润区 7%的流域处于生态临界状态，21%的流域处于生态破坏阶段，17%的流域处于生态恢复阶段；3 个半干旱区的生态环境全部受到破坏，其中的 2 个流域正处于生态恢复阶段；7 个干旱区流域中有 6 个处于生态安全阶段。

以黄河流域和石羊河流域为典型流域实证分析所处的水资源分配阶段。从时间角度看，黄河流域和石羊河流域自 1985 年以来一直处于生态破坏-工业增长阶段；未来，如果制度势能发挥主要作用，将会进入生态临界-工业增长阶段，否则，继续停留在生态破坏-工业增长阶段；黄河流域和石羊河流域由于生态环境用水被社会经济用水挤占，流域水系变化较大，整体出现萎缩现象。

从美国 1950—2000 年用水可以看出，生态安全阶段、生态临界-农业增长阶段、生态临界-工业增长阶段、生态破坏-农业增长阶段、生态破坏-工业增长阶段和生态恢复阶段不是完全按照顺序发展的。美国水资源分配 1950 年以来经历的阶段对中国水资源分配具有现实的指导意义：如果流域在生态未破坏之前，即处于生态安全状态或生态临界状态时，提前设置制度势能，增强水资源的调控和管理手段，就可以避免自然生态环境遭到破坏，水资源分配将会一直处于生态安全状态或生态临界状态，而不会进入生态破坏状态和生态恢复状态。

第4章 水资源使用权分配协商模型

在第1章水资源使用权分配研究基础上，确定水资源使用权分配协商模型的分配尺度和分配原则；在此基础上，建立水资源使用权分配协商模型；应用遗传算法对模型求解，并以黄河流域为例对模型进行检验。

4.1 分配尺度

水政法〔2005〕12号文件《水利部关于印发水权制度建设框架的通知》中明确提出了建立水权制度的基本步骤和内容：

（1）建立流域水资源分配机制，制定分配原则，明确分配条件、机制和程序。重点工作是研究区域水资源额度的界定，包括水资源量的分配额度和水环境容量的分配额度。

（2）建立用水总量宏观控制指标体系。对各省级区域进行水量分配，进而再向下一级行政区域分配水量，流域机构和区域负责向用水户分配水资源。区域分配的水资源总量不超过区域宏观控制指标，流域内各区域分配的水资源总量不超过流域可分配总量。

（3）建立用水定额指标体系。合理确定各类用水户的用水量，为向社会用水户分配水权奠定基础。制定各行政区域的行业生产用水和生活用水定额，并以各行各业的用水定额为主要依据核算用水总量，依据宏观控制指标，科学地进行水量分配。

（4）建立水权的登记及管理制度等。根据水权制度建设框架，水资源使用权分配包括两个层次分配：

第一层次（宏观层次）：根据全国、各流域和各行政区域的水资源量和可利用量确定控制指标，通过定额核定区域用水总量，在综合平衡的基础上，制定水资源宏观控制指标，对各行政区域进行水量分配。

第二层次（微观层次）：根据水权理论和经济发展，按照水功能划分，制定分行业、分地区的微观用水定额指标体系。通过建立微观定额体系，制定出各行政区域的行业生产用水和生活用水定额，并以各行各业的用水定额为主要依据核算用水总量,在充分考虑区域水资源量以及区域经济发展和生态环境情况的基础上，科学地进行水量分配。

　　水资源使用权分配协商模型的分配尺度是研究宏观层面的问题，即流域内不同行政区域包括省（自治区、直辖市）、地市、县（区）之间水资源使用权的宏观指标分配方法，而不对具体用户（如灌区、农户、工厂等）的水资源使用权分配进行研究。

4.2　分配原则

4.2.1　分配原则选取要求

　　（1）原则太多不可行。如果将众多原则堆积在一起不加以识别和提取，将会存在原则重叠或矛盾、不易建立定量模型、不利于利益方的协调、社会认可度不一致等问题。

　　（2）采用的几项原则都是被广泛认可和采用，并且必不可少的，原则的内涵相互之间重复或冲突较小。

　　（3）采用的几项原则基本上形成完整的分配体系，涵盖了可持续发展、法律、伦理等几个方面，可以为水资源使用权的分配提供完整的理论支撑。

4.2.2　分配原则内容

　　经过分析和筛选，确定生态用水保障原则、基本用水保障原则、占用优先原则、公平性原则和高效性原则为水资源使用权分配的具体原则[1]。

　　（1）生态用水保障原则。生态环境用水应该得到保障是可持续发展原则的核心。生态环境用水包括河道内和河道外两大类：河道内的非消耗性用水（如航运、发电、旅游等）可以纳入河道内生态环境用水统一考虑；河道外的生态环境用水是指通过法律法规确定的特定生态用水，不包括城市环境用水（纳入基本用水范畴进行考虑）。

　　（2）基本用水保障原则。人类的基本生活用水必须得到优先的满足。基本用水主要是指城市的家庭生活用水、公共用水和城市环境用水，以及农村的家庭生活用水和牲畜用水。基本用水相对于生产用水具有更高级别的优先序，需要首先满足。

　　（3）占用优先原则。我国水资源总体较为短缺，由于制度和历史等原因造成

---

[1]　《水资源初始使用权配置理论与模型研究》报告，2004。

了河岸权原则实施难度很大，因此，占用优先原则是我国在进行水资源使用权分配时应该遵循的一个重要原则。

（4）公平性原则。水资源不仅具有公共资源的属性，更是人类生存和发展不可或缺的资源。在我国和其他许多国家，水资源的所有权属于国家，因此，在水资源使用权分配时必须考虑到公平性原则。

（5）高效性原则。进行资源管理或者资源分配的重要目的之一是实现资源的高效利用，因此，在水资源使用权分配时，应该考虑分配方案的效率水平，即高效性。

4.2.3　分配原则一般性认识

采用的几项基本原则中，涉及以下几个基本问题：

（1）关于水资源的多目标问题。水资源服务的多目标性是水资源使用权分配必须面对的一个核心问题，水资源的服务对象包括生态环境系统和经济社会系统，二者之间是一种对水资源的竞争关系，人类在追求经济社会不断发展的同时又希望生态环境更好，但这两个目标又没有可以直接进行比较的统一口径，因此在进行水资源使用权分配时，必须对这一问题进行回答，即确定生态环境用水和经济社会用水的合理比例。生态环境用水保障原则就是要求解决这个问题。

（2）占用优先原则的合理性。占用优先是被国外广泛认可并使用的一项最基本也是最重要的水资源使用权分配原则，其原因主要有两个：一是符合西方物权法的精神和一般的人类伦理逻辑；二是便于操作、实施的社会成本最小。和占用优先原则相对应的还有河岸权原则，主要应用在国外一些水资源丰富的地区，其基础是建立在土地私有制及其相关权利规定的基础上的，根据我国实际情况，河岸权原则适用性不强。本次研究将占用优先原则作为我国水资源使用权分配的重要原则之一。

（3）公平性与高效性原则的矛盾。在多数情况下，公平性往往会和高效性发生矛盾，公平性原则要求参与分配的各个利益方获得的权益要相当，而高效性原则要求水资源的使用权向使用效率高的地区和行业倾斜，二者一般很难兼顾。从理论和实践的经验来看，在水资源使用权分配过程中，公平性原则应该在一定程度上优先于高效性原则，或者说公平性原则应该更多地被考虑。水资源使用权分配实际上是利益的分配过程，因此从法律和伦理的角度来看需要更多的考虑公平性，而高效性原则在很大程度上可以通过分配使用权后的市场交易得到弥补。

4.3 模型介绍

水资源使用权分配协商模型主要有两部分组成：目标函数和约束条件。

4.3.1 目标函数

确定生态用水保障原则、占用优先原则、基本用水保障原则、公平性原则和高效性原则作为水资源使用权分配原则（目标函数），从宏观层面建立水资源使用权分配协商模型。水资源使用权分配协商模型是一个多目标问题，需要将其转换为单目标问题进行求解。

4.3.1.1 非劣解

假设多目标问题目标函数为

$$\max\{f_1(x),\cdots,f_n(x)\} \tag{4.1}$$

受约束于：

$$\begin{cases} g_1(x) \leqslant 0 \\ \vdots \\ g_m(x) \leqslant 0 \end{cases} \tag{4.2}$$

设 $x^* \in R$，如果对任意的 $x \in R$，均有

$$f(x^*) \leqslant f(x) \tag{4.3}$$

即对一切 $j = 1, 2, \cdots, n$，均有 $f_j(x^*) \leqslant f_j(x)$，则说 x^* 是绝对最优解。

如果不存在 $x \in R$，使

$$f(x) \leqslant f(x^*) \tag{4.4}$$

则说 x^* 是有效解，也称为 Pareto 最优解或非劣解[72]等。

若满足约束条件的非劣解 x^* 是正则点，则存在向量 μ（各分量 $\mu_i \geqslant 0$，$i = 1, 2, \cdots, m$）和向量 λ（各分量 $\lambda_j \geqslant 0$，$j = 1, 2, \cdots, n$），使得

$$x^* \in X \tag{4.5}$$

$$\mu_i g_i(x^*) = 0 \ , i = 1, \cdots, m \tag{4.6}$$

$$\sum_{j=1}^{n} \lambda_j \nabla f_j(x^*) - \sum_{i=1}^{m} \mu_i \nabla g_i(x^*) = 0 \tag{4.7}$$

式（4.5）、式（4.6）和式（4.7）称为 Kuhn-Tucker 第一、第二和第三条件，是多目标问题非劣解的必要条件。若 $f(x)$ 是凹函数，X 是凸集，则 Kuhn-Tucker 条件也是非劣解的充分条件。

生成非劣解最常用的方法是加权法。加权法可以用式（4.5）~式（4.7）的非劣解 Kuhn-Tucker 条件直接推导出来。对式（4.1）的目标函数 $f_j(x)$（ $j=1,2,\cdots,n$ ）加权 ω_j，则多目标问题可以变换为如下单目标问题：

$$\max f(x,\omega) = \sum_{j=1}^{n} \omega_j f_j(x) \qquad （4.8）$$

这一单目标优化问题的 Kuhn-Tucker 条件是：

$$x^* \in X \qquad （4.9）$$

$$\mu_i g_i(x^*) = 0 \ , i = 1,\cdots,m \qquad （4.10）$$

$$\nabla\left[\sum_{j=1}^{n} \omega_j f_j(x^*)\right] - \sum_{i=1}^{m} \mu_i \nabla g_i(x^*) = 0 \qquad （4.11）$$

由于

$$\nabla\left[\sum_{j=1}^{n} \omega_j f_j(x^*)\right] = \sum_{j=1}^{n} \omega_j \nabla f_j(x^*) \qquad （4.12）$$

把式（4.12）代入式（4.11），得

$$\sum_{j=1}^{n} \omega_j \nabla f_j(x^*) - \sum_{i=1}^{m} \mu_i \nabla g_i(x^*) = 0 \qquad （4.13）$$

只要把式（4.13）中的 ω_j 看作 λ_j（ $j=1,2,\cdots,n$ ），则式（4.13）就是多目标优化问题非劣解的 Kuhn-Tucker 第三条件。因此加权后的单目标优化问题的最优解和原来的多目标优化问题的非劣解都满足相同的 Kuhn-Tucker 必要条件。只要权向量的所有分量 $\omega_j \geqslant 0$ ， $j=1,\cdots,n$ ，就能保证加权后的单目标问题的最优解就是原来多目标问题的非劣解。

4.3.1.2　目标函数

采用加权法将多目标问题变成单目标问题，并在约束条件中设置权重系数均大于 0，保证加权后的单目标问题的最优解就是原来 5 个原则下多目标问题的非劣解。加权后以综合满意度最大为水资源使用权分配协商模型目标函数：

$$\max \ S = \omega_1 RES + \omega_2 ROS + \omega_3 RBS + \omega_4 RFS + \omega_5 RHS \qquad （4.14）$$

式中：RES 为生态用水保障原则满意度；ROS 为占用优先原则满意度；RBS 为基本用水保障原则满意度；RFS 为公平性原则满意度；RHS 为高效性原则满意度；ω_j（ $j=1,2,\cdots,5$ ）为不同原则满意度权重系数。

4.3.2　约束条件

水资源使用权分配协商模型的约束条件包括各分配原则的满意度函数、水量平衡方程、非劣解生成条件等约束。

（1）生态用水保障原则满意度函数：

$$RES = \begin{cases} \dfrac{W_E^{'}}{W_E} & W_E^{'} < W_E \\ 1 & W_E^{'} \geqslant W_E \end{cases} \tag{4.15}$$

$$W_E = \alpha_0 W_T \tag{4.16}$$

（2）占用优先原则满意度函数：

$$ROS_i = \begin{cases} \dfrac{WR_i}{WO_i} & WR_i < WO_i \\ 1 & WR_i \geqslant WO_i \end{cases} \qquad i = 1, 2, \cdots, n \tag{4.17}$$

$$ROS = \min(ROS_i) \tag{4.18}$$

（3）基本用水保障原则满意度函数：

$$RBS_i = \begin{cases} \dfrac{WR_i}{WB_i} & WR_i < WB_i \\ 1 & WR_i \geqslant WB_i \end{cases} \qquad i = 1, 2, \cdots, n \tag{4.19}$$

$$RBS = \begin{cases} 1 & \min(RBS_i) = 1 \\ \dfrac{\min(RBS_i - 0.95)}{1 - 0.95} & 0.95 < \min(RBS_i) < 1 \\ 0 & \min(RBS_i) \leqslant 0.95 \end{cases} \tag{4.20}$$

（4）公平性原则满意度函数：

$$RFS = \frac{\min(\dfrac{WR_i}{WO_i})}{\max(\dfrac{WR_i}{WO_i})} \qquad i = 1, 2, \cdots, n \tag{4.21}$$

（5）高效性原则满意度函数：

$$RHS = \frac{\displaystyle\sum_{i=1}^{n} \dfrac{WR_i GDP_i}{WO_i} - W_S \min(\dfrac{GDP_i}{WO_i})}{W_S \max(\dfrac{GDP_i}{WO_i}) - W_S \min(\dfrac{GDP_i}{WO_i})} \tag{4.22}$$

（6）水量平衡约束：

$$W_S + W_E^{'} = W_T \tag{4.23}$$

$$\sum_{i=1}^{n} WR_i = W_S \tag{4.24}$$

（7）非负约束：

$$WR_i \geqslant 0 \quad i=1,2,\cdots,n \qquad (4.25)$$

（8）非劣解约束：

$$\begin{cases} \omega_j \geqslant 0 \\ \sum_{j=1}^{5} \omega_j = 1 \end{cases} \quad j=1,\cdots,5 \qquad (4.26)$$

式中：W_E' 为水资源使用权分配中的生态分配水量；W_E 为生态环境需水量；W_T 为研究对象水资源量；α_0 为生态环境需水系数，见表 3.3；WR_i 第 i 分区分配的水资源使用权；WO_i 为第 i 分区基准年经济社会耗水总量；WB_i 为第 i 分区基准年基本用水量；GDP_i 为第 i 分区基准年 GDP 值；W_S 为研究对象社会经济耗水量。

4.4　模型求解

4.4.1　算法介绍

　　水资源使用权分配协商模型是一个单目标非线性优化模型。本书采用遗传算法实现非线性优化模型的求解。遗传算法（Genetic Algorithms）是模拟生物界遗传和进化过程而建立起来的一种搜索算法，体现着"生存竞争、优胜劣汰、适者生存"的竞争机制。

　　遗传算法的基本思想是从一组随机产生的初始解，即"种群"开始进行搜索，种群中的每一个个体，即问题的一个解，称为"染色体"；遗传算法通过染色体的"适应值"来评价染色体的好坏，适应值大的染色体被选择的概率高，相反，适应值小的染色体被选择的可能性小，被选择的染色体进入下一代；下一代中的染色体通过交叉和变异等遗传操作，产生新的染色体；经过若干代之后，算法收敛于最好的染色体，该染色体就是问题的最优解或近似最优解。

　　本书采用的遗传算法的程序如下：

　　（1）用随机的方法产生初始种群（$g=1$），种群中的个体数目为 N，每个个体都是用长度为 L 的二进制字符串表示[4]：

$$L = \sum_{k=1}^{M} l_k = Ml \qquad (4.27)$$

式中：L 为个体编码的总长度；M 为变量个数；l_k 为第 k 个变量的编码长度，这里所有的 $l_k = l$。

　　（2）编码解译，将每个个体的二进制编码转换为所有变量的一组实数值，即问题的一个解。这种转化关系如下：

$$r = \frac{r_{\max} - r_{\min}}{2^{l} - 1} z + r_{\min} \tag{4.28}$$

式中：r 为变量的二进制编码对应的实数值；$r_{\max}$ 为该变量定义域的上界；$r_{\min}$ 为变量定义域的下界；l 为变量二进制编码的长度；z 为与变量二进制编码对应的整数值。

（3）将解译后的个体对应的变量值代入目标函数，这样可以求得每一个个体对应的目标函数值 Φ_i。

（4）根据 Φ_i 进一步得到个体的适应度 f_i，这里 f_i 和 Φ_i 之间可以存在一定的函数关系，这种转换被称为规格化（scaling）操作，有利于保持算法收敛的全局性。但原则应该是个体对应的目标函数值越大，个体对应的适应度也越高。本书采用线性规格化的形式：

$$\begin{cases} f_i(g) = a(g)\Phi_i(g) + b(g) \\ a(g) = \dfrac{(c_m - 1)\Phi_{ave}(g)}{\Phi_{\max}(g) - \Phi_{ave}(g)} \\ b(g) = [1 - a(g)]\Phi_{ave}(g) \end{cases} \tag{4.29}$$

式中：$f_i(g)$ 为第 g 代第 i 个个体规格化后的适应度；$a(g)$ 和 $b(g)$ 为第 g 代的两个规格化常数；c_m 为给定的规格化常数，一般可取 1.1~2.0；$\Phi_{ave}(g)$ 为第 g 代种群所有个体的平均函数值；$\Phi_{\max}(g)$ 为第 g 代种群中个体的函数最大值。

（5）选择操作。应用赌轮式的概率选择方法，根据适应度的大小进行随机选择，产生一对父代个体。

（6）交叉操作。被选中的父代个体根据交叉概率 P_c 进行交叉操作。交叉操作采用两点交叉法。一般而言，交叉概率 P_c 取值为 0.25~0.75。

（7）重复（5）和（6），直到产生一个由 N 个个体形成的临时种群。

（8）变异操作。对临时种群中的个体进行变异操作，根据变异概率 P_m，将个体的变异编码位置进行 0 和 1 的置换。P_m 的取值较小，一般可取 $1/L$。

（9）最优个体保持。根据参数的设定，判断是否需要进行最优个体保持的操作，如果需要，则从临时种群中随机选取一个个体，并将其替换为上一代中的最优个体。

（10）将临时种群作为新的一代种群。

（11）进入下一代进化（$g = g + 1$），重复（2）~（10），直到符合设定的中断准则。中断准则可分为两类：一类是根据经验设定的总迭代次数；二是相邻两代精度差达到设定要求。

4.4.2　算法稳定性

遗传算法的收敛与否，不仅与模型简化方式、迭代次数、选择、交叉和变异算子的选择有关，而且与是否采用最优保存策略等有关。为了测试算法稳定性，设定方案 1~方案 3（表 4.1），得到图 4.1 和图 4.2 所示的水资源使用权分配结果。

表 4.1　方案 1～方案 3 参数设定

方案编号	基本参数				基本数据		
	迭代次数	个体数目	交叉概率	是否取优	W_T/亿 m³	W_E/亿 m³	权重系数
方案 1	20000	100	0.6	是	719.00	210.00	均为 0.2
方案 2	10000	100	0.6	是	719.00	210.00	
方案 3	10000	100	0.6	是	719.00	210.00	

从图 4.1 及图 4.2 可以发现，在不同方案下，适应度近似收敛至同一数值；在 3 个方案的水资源使用权分配中，每个省份以及生态用水的分配比例基本一致。

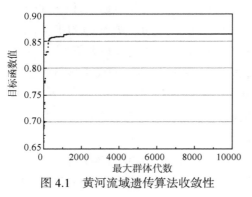

图 4.1　黄河流域遗传算法收敛性

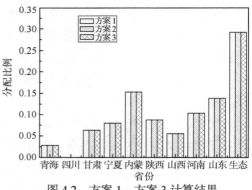

图 4.2　方案 1～方案 3 计算结果

4.4.3　模型计算流程

水资源使用权分配协商模型步骤如下：

（1）确定研究对象并进行分区。研究对象是指研究的全部空间范围，一般以流域为单元进行，也可以是已经取得确定使用权、需要继续向下分配的较高级别的行政区；分区是指在研究对象空间范围之内的行政区。

（2）确定研究对象水资源量（W_T），这里的水资源量可以是水资源总量，也可以是地表水资源量。

（3）确定原则权重系数 ω_j。采用过半数、几何平均值、算术平均值和不满意度最小几种准则确定原则指标重要性判断矩阵，采用 EM 法或 LLSM 计算权重系数。

（4）求解模型得到水资源使用权分配方案。根据建立的模型，采用遗传算法进行求解，得到确定的计算结果，即可作为研究对象的水资源使用权分配方案。水资源使用权分配协商模型计算流程如图 4.3 所示。

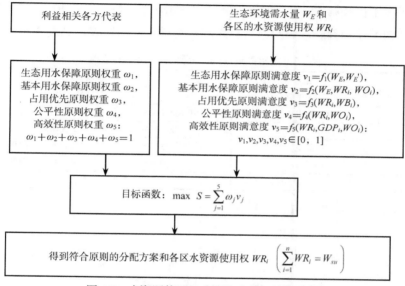

图 4.3　水资源使用权分配协商模型计算流程

4.5　权重系数

从图 4.3 可以看出，原则权重系数的确定对整个模型起到至关重要的作用。

4.5.1　计算方法

本书采用特征向量法（EM 法）求其权重，其主要步骤包括：

（1）确定指标重要性判断矩阵 A。由决策人把目标的重要性成对比较，设有 n 个目标，则需比较 $C_n^2 = \frac{1}{2}n(n-1)$ 次。把第 i 个目标对第 j 个目标的相对重要性记为 a_{ij}，并认为，这就是属性 i 的权重 ω_i 和属性 j 的权重 ω_j 之比的近似值。n 个目标比较的结果为矩阵 A。

$$A = \begin{bmatrix} a_{11} & a_{12} & \cdots & a_{1n} \\ a_{21} & a_{22} & \cdots & a_{2n} \\ \vdots & \vdots & & \vdots \\ a_{n1} & a_{n2} & \cdots & a_{nn} \end{bmatrix} \approx \begin{bmatrix} \dfrac{\omega_1}{\omega_1} & \dfrac{\omega_1}{\omega_2} & \cdots & \dfrac{\omega_1}{\omega_n} \\ \dfrac{\omega_2}{\omega_1} & \dfrac{\omega_2}{\omega_2} & \cdots & \dfrac{\omega_2}{\omega_n} \\ \vdots & \vdots & & \vdots \\ \dfrac{\omega_n}{\omega_1} & \dfrac{\omega_n}{\omega_2} & \cdots & \dfrac{\omega_n}{\omega_n} \end{bmatrix} \qquad (4.30)$$

为了便于比较第 i 个目标对第 j 个目标的相对重要性，即 a_{ij} 值，Saaty 根据一般人的认知习惯和判断能力给出指标之间相对重要性等级表，见表 4.2。

表 4.2　指标重要性判断矩阵 A 中元素的取值

相对重要程度	定义	说明
1	同等重要	两个目标同样重要
3	略微重要	由经验或判断，认为一个目标比另一个略微重要
5	相当重要	由经验或判断，认为一个目标比另一个重要
7	明显重要	深感一个目标比另一个重要，且这种重要性已有实践证明
9	绝对重要	强烈地感到一个目标比另一个重要得多
2，4，6，8	两个相邻判断的中间值	需要折中时采用

（2）推求权向量。由式（4.30）得

$$A\omega \approx \begin{bmatrix} \dfrac{\omega_1}{\omega_1} & \dfrac{\omega_1}{\omega_2} & \cdots & \dfrac{\omega_1}{\omega_n} \\ \dfrac{\omega_2}{\omega_1} & \dfrac{\omega_2}{\omega_2} & \cdots & \dfrac{\omega_2}{\omega_n} \\ \vdots & \vdots & & \vdots \\ \dfrac{\omega_n}{\omega_1} & \dfrac{\omega_n}{\omega_2} & \cdots & \dfrac{\omega_n}{\omega_n} \end{bmatrix} \begin{bmatrix} \omega_1 \\ \omega_2 \\ \vdots \\ \omega_n \end{bmatrix} = n \begin{bmatrix} \omega_1 \\ \omega_2 \\ \vdots \\ \omega_n \end{bmatrix} \qquad (4.31)$$

即

$$(A - nI)\omega = 0 \qquad (4.32)$$

式中：I 为单位矩阵。

矩阵 A 有这样的性质：A 中元素小的摄动意味着特征值小的摄动，如果 A 的估计不够准确，则有

$$A\omega = \lambda_{\max} \omega \qquad (4.33)$$

式中：$\lambda_{\max}$ 为矩阵 A 的最大特征值。

由式（4.33）可以求得特征向量即权向量 $\omega = [\omega_1, \omega_2, \cdots, \omega_n]^{\mathrm{T}}$。

（3）一致性检验。用 $\lambda_{\max} \sim n$ 度量 A 中各元素 $a_{ij}(i, j = 1, 2, \mathrm{L}, n)$ 估计的一致性。引入一致性指标 CI：

$$CI = \frac{\lambda_{\max} - n}{n - 1} \tag{4.34}$$

CI 与同阶矩阵的随机指标 RI 之比称为一致性比率，即

$$CR = \frac{CI}{RI} \tag{4.35}$$

比率 CR 可以用来判定矩阵 A 能否被接受。若 $CR > 0.1$，说明 A 中各元素 a_{ij} 的估计一致性太差，应重新估计。若 $CR < 0.1$，则可认为 A 中 a_{ij} 的估计基本一致。

由 $CR=0.1$ 和表 4.3 中的 RI 值，用式（4.34）和式（4.35），可以求得与 n 相应的临界特征值 $\lambda_{\max}'$：

$$\lambda_{\max}' = CI(n-1) + n = CR \cdot RI(n-1) + n = 0.1 RI(n-1) + n \tag{4.36}$$

由式（4.36）算得的 $\lambda_{\max}'$ 见表 4.3。可以应用 $\lambda_{\max}'$ 检验一致性，如果 $\lambda_{\max} > \lambda_{\max}'$，说明决策人所给出的矩阵 A 中各元素 a_{ij} 的一致性太差，不能通过一致性检验，需要决策人仔细斟酌，调整矩阵 A 中元素 a_{ij} 值后重新计算 $\lambda_{\max}$，直至 $\lambda_{\max} < \lambda_{\max}'$ 为止。

表 4.3 n 阶矩阵的随机指标和相应的临界特征值

n	2	3	4	5	6	7	8	9	10
RI	0.00	0.58	0.90	1.12	1.24	1.32	1.41	1.45	1.49
$\lambda_{\max}'$		3.12	4.07	5.45	6.62	7.79	8.99	10.16	11.34

用特征向量法可以求最大特征值 $\lambda_{\max}$，但是，求解时需要解 n 次方程，当 $n \geqslant 3$ 时计算比较麻烦。假定差异最小化，可以采用 Saaty 提出的近似算法（LLSM 法）。LLSM 法的主要步骤如下。

（1）A 中每行元素连乘并开 n 次方：

$$\omega_i^* = \sqrt[n]{\prod_{j=1}^{n} a_{ij}} \quad i = 1, 2, \cdots, n \tag{4.37}$$

（2）求权重：

$$\omega_i = \omega_i^* \Big/ \sum_{i=1}^{n} \omega_i^* \quad i = 1, 2, \cdots, n \tag{4.38}$$

（3）A 中每列元素求和：

$$S_j = \sum_{i=1}^{n} a_{ij} \quad j = 1, 2, \cdots, n \tag{4.39}$$

（4）计算 $\lambda_{\max}$ 值：

$$\lambda_{\max} = \sum_{i=1}^{n} \omega_i S_i \qquad (4.40)$$

4.5.2　群决策

　　水资源使用权分配是一个多人、多目标的问题，未来参加决策的不仅有各地区代表、各种类型的专家，还有制度的制定者等。因此，水资源使用权分配协商模型中权重系数的确定是一个典型的群决策（Group Decision Making）过程。

　　在群决策中，由于每个决策者对生态用水保障原则、基本用水保障原则、占用优先原则、公平性原则和高效性原则的重要性理解程度不同，因此，确定的指标重要性判断矩阵也不相同。在群决策中，找出能正确反映群众成员意愿的公平合理规则是十分重要的。就水资源使用权分配协商模型而言，根据第 k（$k=1,2,\cdots,n$）个决策者确定的第 i 个原则和第 j 个原则的重要性进行判断打分得到 $a_{ij,k}$ 后，采用过半数规则、几何平均值规则、算术平均值规则和不满意度最小规则来确定最终的 a_{ij}。

　　（1）过半数规则。只要超过 50% 的决策人认为第 i 个原则和第 j 个原则同等重要，那么这两个原则就是同等重要的，即 $a_{ij}^{(1)}=1$；如果有超过 50% 的决策人认为：第 i 个原则比第 j 个原则略微重要，那么 $a_{ij}^{(1)}=3$。

　　（2）几何平均值规则。根据 $a_{ij,k}$（$k=1,2,\cdots,n$）求其几何平均值：

$$a_{ij}^{(2)} = \sqrt[n]{\prod_{k=1}^{n} a_{ij,k}} \qquad (4.41)$$

式中：$a_{ij}^{(2)}$ 为几何平均值规则计算的 a_{ij}；n 为决策者人数。

　　（3）算术平均值规则。根据 $a_{ij,k}$（$k=1,2,\cdots,n$）求其算术平均值：

$$a_{ij}^{(3)} = \frac{1}{n} \sum_{k=1}^{n} a_{ij,k} \qquad (4.42)$$

式中：$a_{ij}^{(3)}$ 为算术平均值规则计算的 a_{ij}。

　　（4）不满意度最小规则。由前述过半数规则、几何平均值规则和算术平均值规则计算的 a_{ij}，利用不满意度最小规则确定 a_{ij}。

$$R_{ij}^{(m)} = \frac{a_{ij,*} - a_{ij}^{(m)}}{a_{ij,*}} \qquad (4.43)$$

当 $\min[R_{ij}^{(m)}] = R_{ij}^{(m_0)}$ 时

$$a_{ij}^{(4)} = a_{ij}^{(m_0)} \qquad (4.44)$$

式中：$R_{ij}^{(m)}$ 为第 m（$m=1,2,3$）种规则下的 a_{ij} 不满意度值；$a_{ij,*}$ 为 a_{ij} 满意度目标值；$a_{ij}^{(m)}$ 为第 m（$m=1,2,3$）种规则下确定的 a_{ij}；$R_{ij}^{(m_0)}$ 为第 $m_0(m_0 \in m, m=1,2,3)$ 种规则下的 a_{ij} 不满意度最小值；$a_{ij}^{(4)}$ 为不满意最小规则确定的 a_{ij}。

此处采用不满意度最小规则[$a_{ij}^{(4)}$ 值]确定指标重要性判断矩阵，在确定指标重要性判断矩阵后，可采用 EM 法或 LLSM 法确定最终的权重系数。

4.6　模型检验

4.6.1　基本资料

黄河流域的水资源使用问题比较复杂，涉及黄河流域内、下游引黄灌区以及天津河北等三个区域，考虑到南水北调东线和中线工程，本研究将仅考虑黄河流域内以及下游河南山东的引黄灌区，以沿黄九省为基本单元进行水资源使用权的分配。

在实际分配中，扣除天津河北需要分配水量 20 亿 m^3，对黄河流域地表水资源量 580 亿 m^3 进行分配，即：W_T 为 560 亿 m^3；生态环境需水量 W_E 为 210 亿 m^3；以 2000 年为基准年，参照 2000 年黄河流域各省水资源使用量以及社会经济指标（表 4.4），设定不同原则满意度权重系数为 0.2，进行水资源使用权的分配。

表 4.4　2000 年黄河流域用水量及社会经济指标

省份	WB_i/亿 m^3	WO_i/亿 m^3	GDP_i/亿元
青海	1.462	14.190	194.828
四川	0.132	0.136	3.271
甘肃	3.511	32.020	669.339
宁夏	1.077	40.320	265.570
内蒙古	2.151	77.589	690.506
陕西	5.116	44.052	1439.343
山西	3.873	27.929	1058.276
河南	6.189	52.307	1419.086
山东	5.989	70.194	1981.003
合计	29.500	358.737	7721.222

4.6.2　计算结果

应用此模型分配黄河流域地表水资源量，以检验模型合理性。各分配原则满意度和目标函数计算结果见表 4.5。模型计算的生态环境分配水量 W_E' 为 210 亿 m^3；各省分配水量 WR_i 见表 4.6。

表 4.5　黄河流域满意度和目标函数计算结果

目标函数	RES	ROS	RBS	RFS	RHS	S
满意度值	1.00000	0.97477	1.00000	0.99758	0.47737	0.79047

表 4.6　黄河流域地表水分配计算结果与"87 分水方案"

省份	模型计算结果		"87 分水方案"	
	分配水量 WR_i/亿 m^3	分配比例 / %	分配水量/亿 m^3	分配比例/ %
青海	13.83	2.47	14.10	2.43
四川	0.13	0.02	0.40	0.07
甘肃	31.22	5.57	30.40	5.24
宁夏	39.31	7.02	40.00	6.90
内蒙古	75.63	13.51	58.60	10.10
山西	43.00	7.68	38.00	6.55
陕西	27.26	4.87	43.10	7.43
河南	51.03	9.11	55.40	9.55
山东	68.59	12.25	70.00	12.07

模型计算结果与"87 分水方案"比较，变化较大省份有内蒙古和陕西省。模型计算的内蒙古分配水量 75.63 亿 m^3，比国务院分配水量增加 17.03 亿 m^3；陕西省分配水量占流域地表水资源量 4.87%，小于"87 分水方案"比例 7.43%；其他省份分配水量与国务院分配水量基本接近。模型分配黄河流域地表水资源量采用了 2000 年耗水量数据，"87 分水方案"是国务院 1987 年在综合考虑当时各区域用水量和未来年份需水量情景下批准的。综合考虑，可以采用水资源使用权分配协商模型分配区域水资源使用权。

4.7　小结

随着我国经济社会的发展，水资源供需矛盾日益突出，为了有效控制水资源使用的不断扩张和无限需求，需要建立水权制度体系。水资源使用权制度是水权制度建设的基本内容，必须在初期加以建设和制定。

（1）在对国内部分专家学者提出的水资源使用权分配原则进行分类筛选后，确定生态用水保障原则、占用优先原则、基本用水保障原则、公平性原则和高效性原则为水资源使用权分配的具体原则，以这些原则为基础建立水资源使用权分配协商模型。

（2）采用遗传算法对模型求解，以黄河流域为例，分析算法的收敛性和稳定性。计算结果表明：在不同方案下，适应度近似收敛至同一数值。

（3）应用此模型分配黄河流域地表水资源量，以检验模型合理性。模型计算结果与"87 分水方案"比较：大部分省份分配水量与国务院分配水量基本接近，故可以采用此模型分配区域水资源使用权。

需要说明的是：①由于水文要素的不确定性，对于不同频率的来水情况，各分区获得的水资源使用权不同，一般以多年平均水量分配方案为基础，按照"丰增枯减"原则确定不同频率下水资源使用权，即应用模型计算频率为 10%、25%、50%、75% 和 90%的水资源使用权，从而得到特丰年、丰水年、平水年、枯水年和特枯年的水资源使用权分配方案，配合对多年平均水资源量的分配，就可以形成一套完整的水资源使用权分配方案。②基准年的选择对水资源使用权的分配具有较大的影响，水资源使用权分配结果受到基准年耗水占用指标和经济社会发展指标的影响。

第 5 章　流域演化模型

相对于第 3 章主要探讨的水资源势能主体是工业、农业、生活和生态不同，本章主要探讨的水资源势能主体是用水区域。

在第 2 章水资源分配理论和第 4 章水资源使用权分配协商模型基础上，采用系统动力学方法建立流域演化模型。主要内容包括：系统动力学概述、流域演化系统分析和流域演化模型建立。

5.1　系统动力学概述

系统动力学（System Dynamics，SD）是一门分析研究信息反馈系统的学科，它的出现始于 1956 年，创始人为美国麻省理工学院 Jay W Forrester 教授。初期主要应用于工业企业管理，处理诸如生产与雇员情况的波动，市场股票与市场增长的不稳定性等问题。Jay W Forrester 教授发表于 1961 年的《Industrial Dynamics》是系统动力学的经典著作。20 世纪 70 年代，他又提出了 World Ⅱ模型，并于 1971 年发表了《World Dynamics》。1972 年，在他的指导下其小组先后发表了《The Limits to Growth》和《Toward Global Equilibrium》等著作。

系统动力学对系统定义为：一个由相互区别、相互作用的各部分有机地联结在一起，为同一目的而完成某种功能的集合体。此定义与系统论中对系统的定义是相同的，因此，系统论是系统动力学的基础。系统动力学认为，系统的行为模式与特性主要取决于其内部的动态结构与反馈机制。从系统动力学的这些特点看，系统动力学无疑是研究水资源-社会经济-生态环境-社会制度相互作用关系的最好方法。系统动力学模型可作为实际系统，特别是社会、经济、生态、制度复杂大系统的"实验室"。

5.1.1　系统结构

从系统论的观点看，所谓结构是指单元的秩序。它包含两层意思：一层是组成系统的各单元；另一层是单元的作用和关系。系统动力学认为一阶反馈回路是构成系统的基本结构，一个复杂系统由这些相互作用的反馈回路构成。

基于系统整体性和层次性，系统的结构一般存在下述体系与层次（图 5.1）：

（1）确定系统 S 的界限。

（2）子系统或子结构 $S_i(i=1,2,\cdots,p)$。

（3）系统的基本单元，反馈回路 $E_j(j=1,2,\cdots,m)$。

（4）反馈回路的组成与从属成分（状态变量、变化率、目标、现状、偏差与行动等）。

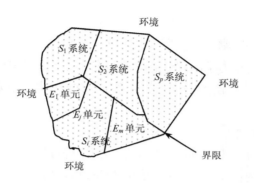

图 5.1　系统结构

5.1.2　系统描述

系统动力学对系统有其独特的具体描述方法，可以归纳为两步。

第一步，根据分解原理把系统划分成若干个（p 个）相互关联的子系统 S_i（子结构）：

$$S=\left\{S_i \in S\big|_{1,\cdots,p}\right\} \qquad (5.1)$$

式中：S 代表整个系统；S_i 代表子系统，$i=1,2,\cdots,p$。

各子系统之间的相互关系通过关系矩阵的非主导元反映出来。在实际问题中系统内的某个子系统与其他子系统的直接联系是少量的、有限的，因此关系矩阵通常是分块对角优势的，从而给子结构的分解带来很大的方便。

第二步，子系统 S_i 的描述。子系统由基本单元、一阶反馈回路组成。一阶反馈回路包含三个基本变量：状态变量、速率变量和辅助变量，可分别由状态方程、速率方程和辅助方程表示。它们与其他一些变量方程、数学函数、逻辑函数、延迟函数和常数等一起描述客观世界各类系统及其变化。

$$\dot{L}=PR \qquad (5.2)$$

$$\begin{bmatrix} R \\ A \end{bmatrix}=W\begin{bmatrix} L \\ A \end{bmatrix} \qquad (5.3)$$

式中：$\dot{L}$ 为纯速率变量向量；P 为转移矩阵；R 为速率变量向量；L 为状态变量向

量；A 为辅助变量向量；W 为关系矩阵。

转移矩阵 P 的作用在于把时刻 t 的速率变量转移到下一时刻 $t+1$ 上去。通常纯速率 $\dot{L}$ 仅为各速率 R 的线性组合，因此，一般 P 矩阵是个常值阵。关系矩阵 W 反映了变量 R 与 L 之间和 A 本身之间在同一时刻的各种非线性关系。若系统是线性的，则关系矩阵 W 为一个常数。

5.1.3　主要步骤

系统动力学解决问题的主要步骤大体可分为 5 步：

第一步，用系统动力学的理论、原理和方法对研究对象进行系统分析。

第二步，进行系统的结构分析，划分系统层次与子块，确定总体与局部的反馈机制。

第三步，建立数学的、规范的模型。

第四步，以系统动力学理论为指导借助模型进行模型与政策分析，可进一步剖析系统得到更多的信息，发现新的问题然后反过来修改模型。

第五步，检验评估模型。

上述主要过程与步骤可用图 5.2 表示。

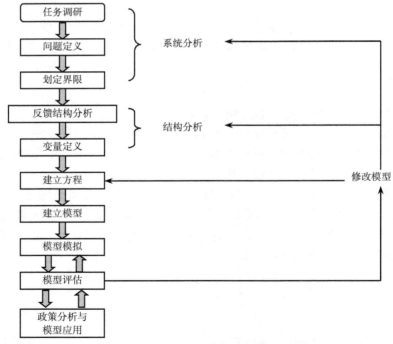

图 5.2　系统动力学解决问题主要步骤

5.1.4 DynaMo 语言

DynaMo 是一种计算机模拟语言，取名来自 Dynamic Model（动态模型）的混合缩写。用 DynaMo 写成的系统动力学模型经计算机模拟，可得到随时间连续变化的系统图像（模型描述系统的结构），并模拟系统的功能与行为。

DynaMo 中的符号能清楚地说明计算机是如何进行计算的。DynaMo 中的变量用时间下标以区别在时间上的先后。用英文字母 K 表示现在，$K-1$ 表示刚刚过去的那一时刻，$K+1$ 表示紧随当前的未来的那一时刻。DT 表示 $K-1$ 与 K 或 K 与 $K+1$ 之间的时间长度。它们之间的关系如图 5.3 所示。

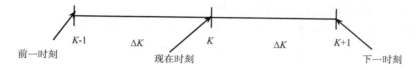

图 5.3　DynaMo 时刻关系图

例如，城市人口方程可用 DynaMo 语言表示：

$$Cp_{d,k} = Cp_{d,k-1} + DT(cbr_{d,k} - cdr_{d,k}) \tag{5.4}$$

当模拟一个动态反馈系统时，DynaMo 按每一个 DT 为一步，对系统的定量模型，逐步模拟下去，从而得到系统的行为。

DynaMo 语言方程包括：状态变量方程、速率方程、辅助方程、表函数和 N 方程等。

（1）状态（State，Level）变量方程。凡是能对输入和输出变量（或其中之一）进行积累的变量称为状态变量。例如：

$$Ap_{d,k} = Ap_{d,k-1} + DT(abr_{d,k} - adr_{d,k}) \tag{5.5}$$

式中：Ap 为状态变量；abr 为输入速率（变化率）；adr 为输出速率（变化率）；DT 为计算时间间隔。

（2）速率方程。在状态变量方程中，代表输入与输出的变量称为速率。与状态变量方程不同，速率方程是没有标准格式的，例如：

$$abr_{d,k} = ABRA_{d,k} Ap_{d,k} \tag{5.6}$$

$$afair_{d,k} = amoi_{d,k} + aiv_{d,k} \tag{5.7}$$

速率值在 DT 时间内是不变的。速率方程是在 k 时刻计算，在 k 至 $k+1$ 时间间隔中保持不变。

（3）辅助（Auxiliary）方程。辅助方程在反馈系统中描述信息的运算式。"辅助"涵义就是帮助建立速率方程。

$$wtpa_{d,k} = wtp_{d,k} + sru_{d,k} + WFG_{d,k} + wt_{d,k} \qquad （5.8）$$

辅助方程没有统一的标准格式，辅助变量的时间下标总是 k，辅助变量可由现在时刻的其他变量（状态变量、变化率或其他辅助变量）求出。

（4）表函数（Table Functions）。模型中往往需要用辅助变量描述某些变量间的非线性关系，这些辅助变量值可用表函数给出，采用下述格式：

$VAR.K = TABLE$（表名，输入变量，最小的 X 值，最大的 X 值，X 值增量 ΔX）

$$表名 = Y_0 / Y_1 / Y_2 / \cdots / Y_n$$

其中，$Y_0 / Y_1 / Y_2 / \cdots / Y_n$ 为特定点的 Y 坐标值。其中，当输入量不等于特定点 X 的坐标值时，$VAR.K$ 的值是采用线性插补推求。

（5）N 方程。N 方程的主要用途是为状态变量方程赋予初始值。例如：

$$Ap_{d,k=1} = 27.51 \qquad （5.9）$$

5.2　流域演化系统分析

在一定程度上，流域演化系统可以概括为以水循环系统、生态环境系统和社会经济系统密切相关且相互作用的复杂系统演化问题。因此，系统动力学对系统描述步骤是：①根据系统动力学分解原理，把流域演化系统分为水资源、人口、经济和生态环境 4 个子系统；②对水资源子系统、人口子系统、经济子系统和生态环境子系统进行描述。

本节流域演化系统分析主要是对各子系统的理论描述，具体的方程和反馈关系等将在 5.3 节中详细介绍。

5.2.1　水资源子系统

水不仅是支撑地球上各种生命形式存在的基础之一，更是人类社会发展不可替代的基础条件，纵观全人类社会的发展，都与水资源分布及其利用形式紧密相连，人类漫长的"逐水而居"发展历史，就是对这一问题的真实写照。在干旱地区，由于其生态环境的脆弱性和人类生存条件的恶劣性，水更成为维系人类社会经济活动和生态环境的纽带。水资源子系统是社会、经济、人口、生态环境等子系统的载体，水资源的分配利用是经济子系统、人口子系统、生态环境子系统之间联系的纽带。

水资源子系统主要由供水子系统和需水子系统组成。

5.2.1.1 供水子系统

供水子系统的主要目的是为用水对象供应水量，其主要参数便是供水量。

由第 2 章水资源分配理论，若只考虑一维问题，沿主河道水资源分配基本方程为

$$\frac{\partial W}{\partial t} = \frac{\mathrm{d}}{\mathrm{d}l}\left(k\frac{\mathrm{d}\phi}{\mathrm{d}l}\right) \tag{5.10}$$

由式（5.10）计算水资源分配率 W 后，便可计算用水对象 i 的地表水资源分配量：

$$wtpx = W\Delta l\Delta t \tag{5.11}$$

在某一确定流域，地表水总分配量 WFR 为确定值。对式（5.11）增加修正系数，用水对象 i 的地表水分配量为

$$wtp = \frac{WFR}{\sum\limits_{i=1}^{n} wtpx_i} wtpx \tag{5.12}$$

供水子系统的供水量由地表水分配量、地下径流量、污水利用量、外区域调水量和自产水量等组成。

$$wtpa = wtp + sru + WFG + wt \tag{5.13}$$

式中：$wtpa$ 为供水量；wtp 为地表水分配量；WFG 为地下水供水量；sru 为污水利用量；wt 为外区域调水量或自产水量。

5.2.1.2 需水子系统

需水子系统由生活、农业、第二产业、第三产业等部门组成。

（1）生活需水。生活需水分城镇居民需水和农村居民需水两大类，生活需水通常采用人均日需水量方法计算，在城乡人口指标成果基础上，进行城乡人口需水量计算。

根据经济社会发展水平、人均收入水平、水价水平、节水器具推广与普及情况，结合生活用水习惯，现状用水水平，参考国内外同类地区或城市生活用水定额水平，拟定各年份城镇和农村居民生活需水定额，进行生活需水量计算：

$$rwt = Cp \cdot rwtpc \tag{5.14}$$

$$awla = AP \cdot AWLAD \tag{5.15}$$

式中：rwt 为城镇居民生活需水量；Cp 为城镇人口；$rwtpc$ 为城镇居民需水定额；$awla$ 为农村居民生活需水量；Ap 为农村人口；$AWLAD$ 为农村居民需水定额。

（2）农业需水。农业需水包括农田灌溉需水和林牧渔业需水。农田灌溉需水量通常采用灌溉定额方法计算。农田灌溉定额一般采用亩均灌溉水量指标，包括

净灌溉定额和毛灌溉定额两类。农田灌溉定额一般按照不同的农作物种类而提出，为某种农作物单位面积灌溉用水量。根据各类农作物灌溉净定额，也可计算灌区农田综合灌溉净定额，综合灌溉净定额可根据各类农作物灌溉净定额及其复种指数加以综合确定。在综合灌溉净定额基础上，考虑灌溉需水量从水源到农作物利用整个过程中的输水损失后，计算灌区灌溉综合毛定额。

确定农作物净灌溉定额时，可采用彭曼公式计算农作物潜在蒸腾蒸发量，扣除有效降雨并考虑田间灌溉损失后的方法计算而得。农作物灌溉净定额计算式为

$$AQ_i = f(ET, Pe, Ge, \Delta w) \tag{5.16}$$

根据农作物复种指数，按照下列方式计算综合净灌溉定额和毛灌溉定额：

$$AQ_n = 0.667 \sum_{i=1}^{n} (AQ_i \cdot A_i) \tag{5.17}$$

$$AQ_c = AQ_n / \eta_g = 0.667 \sum_{i=1}^{n} (AQ_i \cdot A_i) / \eta_g \tag{5.18}$$

式中：AQ_n 为综合净灌溉定额，$m^3/亩$；AQ_i 为第 i 种作物灌溉净定额，mm；AQ_c 为毛灌溉定额，$m^3/亩$；A_i 为第 i 种作物种植比例，%；η_g 为灌溉水综合利用系数。

灌溉水综合利用系数 η_g 由渠系水利用系数 η_q 和田间水利用系数 η_t 两部分组成，计算公式为

$$\eta_g = \eta_q \eta_t \tag{5.19}$$

其中，渠系水利用系数 η_q 为渠系系统各级渠道（干渠、支渠、斗渠、农渠和毛渠）水利用系数的乘积。

林牧渔业需水量通常也采用亩均补水定额法计算，定额的确定类似于农田灌溉定额。林牧渔业需水包括林果地灌溉需水、草场灌溉需水、牲畜需水和鱼塘补水等 4 类。根据当地试验资料或现状典型调查，分别确定林果地和草场的灌溉定额；根据灌溉水源及灌溉方式，确定渠系水利用系数；结合林果地与草场发展面积预测指标，进行林地和草场灌溉净需水量和毛需水量计算。鱼塘补水量为维持鱼塘一定水面面积和相应水深所需要补充的水量，采用亩均补水定额方法计算，亩均补水定额可根据鱼塘渗漏量和水面蒸发量与降水量的差值加以确定。

（3）第二、第三产业需水。第二、第三产业需水通过万元产值需水量和产业指标计算得出。目前最为常用的第二、第三产业定额计算方法为重复利用率法，其计算公式为

$$IQ_i^{t_2} = (1 - \theta)^{t_2 - t_1} \frac{1 - \eta_i^{t_2}}{1 - \eta_i^{t_1}} IQ_i^{t_1} \tag{5.20}$$

式中：i 为产业部门分类序号；$IQ_i^{t_2}$、$IQ_i^{t_1}$ 分别为 t_2 年和 t_1 年 i 产业的用水定额；θ 为综合影响因子，包括科技进步、产品结构等因素；$\eta_i^{t_2}$ 和 $\eta_i^{t_1}$ 分别为 t_2 年和 t_1 年 i 产业的用水重复利用率。

第二、第三产业净需水量和毛需水量的计算公式分别为

$$IW_{i,t} = \sum_{i=1}^{n} (X_i^t \cdot IQ_i^t) \tag{5.21}$$

$$GIW_i^t = \frac{IW_i^t}{\eta_i^t} \tag{5.22}$$

式中：IW_i^t 为 t 年 i 产业净需水量；X_i^t 为 t 年 i 产业的发展指标（如总产值或增加值等）；GIW_i^t 为 t 年 i 产业毛需水总量；η_i^t 为 t 年 i 产业水利用系数。

5.2.2 人口子系统

流域演化系统中，最活跃的因素就是人口。人口的增长和迁移不仅牵涉水资源分配，而且还与第一、第二、第三产业产值等相关联。人口过程一般包括人口增长过程和人口迁移过程。干旱区与其他区域相比，一个典型特征是人口的生态迁移。对于湿润区，由于水资源较充足，生态人口迁移可能不会出现，可以不用考虑；但对于干旱缺水地区，生态人口迁移是需要考虑的人口迁移因素之一，本书考虑了人口的生态迁移。

5.2.2.1 人口增长过程

人口增长的早期模型是建立在人口随机生灭假设前提上的，这就是著名的马尔萨斯（R T Malthus）模型。设人群在时刻 t 的人口数为 n，时间 $[t, t+dt]$ 内的生育概率为 $\lambda(t)$，死亡概率为 $\mu(t)$，则 dt 内人口增长速度为

$$\frac{dn}{dt} = [\lambda(t) - \mu(t)]n \tag{5.23}$$

求解方程得

$$n = n_0 e^{\int_0^t [\lambda(\tau) - \mu(\tau)]d\tau} \tag{5.24}$$

如果 $\lambda < \mu$，那么人口趋于死亡；如果 $\lambda > \mu$，那么人口无限增长。马尔萨斯模型过分地强调人口增长的指数关系，而忽视资源对人口的调节作用，是一种纯人口学的假说。

考虑资源限制对人口产生的主动与被动作用，对人口方程引入"最大允许人口数" N，这就是 Logistic 模型。这时，式（5.23）可以改为

$$\frac{\mathrm{d}n}{\mathrm{d}t} = n(1 - \frac{n}{N})\big[\lambda(t) - \mu(t)\big] \qquad (5.25)$$

随着人口数逼近最大允许数，人口的增长率趋于零，这个方程的解为

$$n(t) = \frac{N}{1 + (\frac{N}{n_0} - 1)\mathrm{e}^{-\int_0^t [\lambda(\tau) - \mu(\tau)]\mathrm{d}\tau}} \qquad (5.26)$$

Logistic 模型与马尔萨斯模型均未考虑人口的年龄分布，实际上人口增长率主要是由育龄妇女的生育模式及总和生育率决定的。1907 年 A J Lotka 和 1911 年 F R Sharpe 研究了人口的年龄分布问题，1922—1939 年又研究了"正态年龄分布的稳定性"，并用积分方程描述了人口发展过程。

Sharpe-Lotka 方程是一个描述人口发展过程的连续模型：

$$\frac{\partial p(a,t)}{\partial a} + \frac{\partial p(a,t)}{\partial t} = -\mu(a,t)p(a,t)$$

$$p(a,0) = p_0(a) \qquad (5.27)$$

$$p(0,t) = \varphi(t) = \beta(t)\int_{a_1}^{a_2} \kappa(a,t)h(a,t)p(a,t)\mathrm{d}a$$

式中：$p(a,t)$ 为 t 时刻的人口年龄分布密度，即 a 岁人口占 t 时刻总人口的比重；$\mu(a,t)$ 为 t 时刻 a 岁人口的死亡率；$p_0(a)$ 为初始时刻人口年龄分布；$\varphi(t)$ 为 t 时刻的人口绝对出生率；$\beta(t)$ 为妇女平均生育率，在人口统计学中称为总和生育率；$\kappa(a,t)$ 为 t 时刻女性比例函数，即 a 岁中的女性人口占 a 岁总人口的比重；$h(a,t)$ 为妇女生育模式；$[a_1, a_2]$ 为妇女育龄区间。

1945 年来斯里（P.H.Leslie）将 Sharpe-Lotka 方程进行离散化，提出了一个比较完善的离散人口发展方程，从而使人口发展过程不仅可以定量描述，而且可以用电子计算机去模拟过程。这样，不仅解决了精确预报问题，更为重要的是从理论上解决人口有计划发展这个历史性问题。P H Leslie 人口发展离散方程为

$$\begin{cases} \varphi(t) = \beta(t)\displaystyle\sum_{i=a_1}^{a_2} \kappa_i(t)h_i(t)x_i(t) \\ x_0(t) = [1 - \mu_{00}(t)]\varphi(t) \\ x_1(t+1) = [1 - \mu_0(t)]x_0(t) + g_0(t) \\ x_2(t+1) = [1 - \mu_1(t)]x_1(t) + g_1(t) \\ \qquad\qquad \vdots \\ x_m(t+1) = [1 - \mu_{m-1}(t)]x_{m-1}(t) + g_{m-1}(t) \end{cases} \qquad (5.28)$$

式中：$x_i(t)$ 为 t 年代实足年龄位于年龄区间 $[i, i+1]$ 中的人口总数；$\varphi(t)$ 为从 $t-1$ 到 t 年出生的婴儿数；$\mu_{00}(t)$ 为婴儿死亡率；$\mu_i(t)$ 为 t 年代 i 岁死亡率；$g_i(t)$ 为

$[t,t+1]$内迁入或迁出的年满i周岁但不到$i+1$周岁的人口数。

本研究在人口子单元中模拟人口自然增长部分时，采用式（5.28）推求城市人口、农村人口的出生率和死亡率表函数。

5.2.2.2 人口一般迁移

1881年，英国地理学家E G Ravenstein开启了人口迁移理论的先河。1938年和1946年，Herbele和Mitchell分别论述了传统人口迁移推拉理论，推拉理论的中心思想是：迁移行为是迁入地和迁出地两方面因素共同作用的结果。

1954年著名经济学家Lewis在《曼彻斯特学报》上发表《劳动力无限供给条件下的经济发展》一文，将一国经济分为农业部门和工业部门，并认为：不同的劳动边际收益率引致源源不断的劳动力从农村农业部门向城市工业部门流动，而城市工业部门从高劳动生产率和流入劳动力的低工资支付中获得巨额的超额利润，不断地扩大工业部门以吸收农业部门的剩余劳动力，直到吸收完毕，两部门的劳动生产率相等，一国的工业化过程也就完成。

Lewis暗含的一个假定是城市失业率为零，农村转移的劳动力都能在城市就业。第二次世界大战之后，一些发展中国家的实践表明：二元结构转换理论的存在，产生了过度损害农业而发展工业的情况，农村人口大量流入城市，城市失业问题日益严重，同时农业的人口收入增长缓慢。为此，20世纪60年代末至70年代初，Todaro对Lewis模型进行补充和修改，发表了一系列论文以阐述他的人口转移行为模式。Todaro模型的基本思想是：农村劳动力向城市转移取决于在城市里获得较高收入的概率和对相当长时间内成为失业者风险的权衡。

Todaro假定农业劳动者迁入城市的动机主要决定于城乡预期收入差异，差异越大，流入城市的人口越多。用公式表示为

$$M = f(d), \qquad f' > 0 \qquad (5.29)$$

式中：M为人口从农村迁入城市的数量；d为城乡预期收入差异；$f' > 0$为人口流动是预期收入差异的增函数。

农业部门预期收入等于未来某年的实际收入，现代工业部门的预期收入则等于未来某年的预期实际收入与城镇就业概率的乘积。这样城市预期收入差异可表示为

$$d = w\pi - r \qquad (5.30)$$

式中：w为城市实际工资；π为就业概率；r为农村平均实际收入。

Todaro认为，在任一时期，迁移者在城市现代部门找到工作的概率取决于两个因素，即现代部门新创造的就业机会和城市失业人数。就业概率与前一个因素

成正比，与后一个因素成反比。式（5.29）描述的人口流动行为是相对一个阶段而言的，考虑到绝大多数迁移者往往要较长时间才能在现代部门找到工作，为了更大接近实际，人口流动行为模式应该建立在较长时间范围的基础上。为此，在式（5.30）的基础上，建立了一个迁移者在现代部门找到工作以前的 n 期净收入贴现值公式为

$$V(0) = \int_0^n \left[P(t)Yu(t) - Yr(t) \right] \mathrm{e}^{-rt} \mathrm{d}t - C(0) \tag{5.31}$$

式中：$V(0)$ 为迁移者计划期内预期城乡收入差异的净贴现值；$p(t)$ 为一个迁移者在 t 时期在现代部门获得工作的概率；$Yu(t)$、$Yr(t)$ 分别为 t 时期城市和乡村实际工资；n 为计划范围内的时期数；r 为贴现率；$C(0)$ 为迁移成本（搬迁费等）。

根据 Todaro 观点，城—乡人口流动规模是城乡收入贴现值的函数，即

$$M = f\left[V(0)\right], \quad f' > 0 \tag{5.32}$$

若 $V(0) > 0$，则迁移者愿意流入城市，城市净流入人口增加；若 $V(0) < 0$，则迁移者不愿意迁入城市，于是，城市净流入人口不会增加，甚至有可能减少。

Todaro 于 1969 年第一次引入了期望工资和实际工资，由式（5.31）可以看出，Todaro 认为期望工资和实际工资的权重系数相同。由于相同权重系数的假设与实际情况不相符，为此，对 Todaro 模型进行修改。考虑到 Todaro 模型仅限于讨论城-乡二元结构，将其进行推广应用于不同地区的一般人口迁移。

本书使用下述理论计算人口一般迁移。假设：①标准化后的一般人口迁移是期望收入净现值和舒适度水平的函数；②移动成本与收入呈比例；③期望区域增长率相同[92]。用公式表示为

$$NECM_{a,t} = \frac{ECM_{a,t}}{NLF_{a,t-1}} = h\left[(EY_{a,t} / EY_{u,t}), (A_a / A_u) \right] \tag{5.33}$$

式中：NLF 为自然劳动力；ECM 为一般人口迁移量；EY 为期望收入；A 为舒适度水平；下标 a 和 u 为区域 a 和区域 u。

在一个区域，期望收入能表示成不同产业工资概率权重之和，即

$$EY_{k,t,i} = \sum_i P(E_{k,t,i})w_{k,t,i}, \quad k = a,u \tag{5.34}$$

式中：$P(E_{k,t,i})$ 为 i 产业就业人员概率；$w_{k,i}$ 为实际工资。

$P(E_{k,i})$ 可以表示为

$$P(E_{k,t,i}) = P(E_{k,t})P(E_{k,t,i} \big| E_{k,t}) \tag{5.35}$$

式中：$P(E_{k,t})$ 为就业人员概率；$P(E_{k,t,i} \big| E_{k,t})$ 为在给定就业 i 条件下的就业概率。

$P(E_{k,t})$、 $P(E_{k,t,i})$ 和 $w_{k,t,i}$ 的预测如下：

$$\begin{cases} F[P(E_{k,t})] = E_{k,t} / NLF_{k,t} \\ F[P(E_{k,t,i} | E_{k,t})] = E_{k,t,i} / E_{k,t} \\ F(w_{k,t,i}) = w_{k,t,i} \end{cases} \quad (5.36)$$

将式（5.36）代入式（5.34），分子和分母乘以 $\sum_i (E_{a,t,i} / E_{a,t}) w_{u,t,i}$ ，得

$$(EY_{a,t} / EY_{u,t}) = \left[(E_{a,t} / NLF_{a,t}) / (E_{u,t} / NLF_{u,t}) \right] \times$$

$$\left[\frac{\sum_i (E_{a,t,i} / E_{a,t}) w_{a,t,i}}{\sum_i (E_{a,t,i} / E_{a,t}) w_{u,t,i}} \right] \times \left[\frac{\sum_i (E_{a,t,i} / E_{a,t}) w_{u,t,i}}{\sum_i (E_{u,t,i} / E_{u,t}) w_{u,t,i}} \right] \quad (5.37)$$

$$= REO_{a,t} \times RWR_{a,t} \times RWM_{a,t}$$

式中： $REO_{a,t}$ 为区域的相对就业机会； $RWR_{a,t}$ 为独立于产业的相对真实工资价格； $RWM_{a,t}$ 为相对工资指数。将式（5.37）代入式（5.33）得

$$NECM_{a,t} = h[(REO \times RWR \times RWM), (A_a / A_u)] \quad (5.38)$$

将式（5.38）表示成半对数形式，增加反映预报误差或其他非系统因素引起的随机扰动项。根据 Harris-Todaro 公式，考虑将期望收入的每项增加不同的权重系数和迁移响应的滞后性，式（5.38）改写为

$$NECM_{a,t} = \ln \lambda_a + \sum_{s=0}^{S} \alpha_s \ln RWR_{a,t-s} + \sum_{m=0}^{M} \beta_m \ln REO_{a,t-m} +$$

$$\sum_{n=0}^{N} \gamma_n \ln RWM_{a,t-n} + \varepsilon_{a,t} \quad (5.39)$$

5.2.2.3 生态人口迁移

干旱区流域内人口过量是导致区域生态环境恶化的重要原因之一。以石羊河流域为例，分析形成生态人口迁移（生态难民）现象的主要原因。石羊河流域是一个内陆河流域，水资源总量 16.60 亿 m³，现阶段社会经济耗水占水资源可利用量的比重达到了 109.5%。民勤地区是石羊河流域下游的尾闾区，是全流域地势较低的地区。由于中游地区水资源过量使用，进入下游红崖山水库的水量急剧减少。仅有的地表水根本无法满足民勤县农业用水，因而，整个农村地区大量打井开采地下水。由于中游来水减少，地下水超采严重，大量的耕地无水浇灌而撂荒。地下水的开采，使地下水位大幅下降，引起地下水矿化度的提高，人们生活用水量和水质不能得到保证，部分人们不得不迁出该地区。近十年来，已有 2.65 万人举家外迁流离失所，石羊河流域已经失去了人类生存的基本条件。

　　按照世界气象组织及联合国教科文组织等机构的认可，一个国家或地区人均拥有水资源量的最低需求量（或基本需求量）为 1000m³，绝对缺水量为 500m³。当人均水资源量小于绝对缺水量时，人们在该地区生存将会非常困难（表 5.1）。

表 5.1　M.富肯玛克的水紧缺指标

紧缺指标	人均水资源占有量/（m³/a）	主要问题
富水	≥1700	局部地区、个别时段出现水问题
用水紧张	1000~1700	将出现周期性和规律性用水紧张
缺水	500~1000	经受持续性缺水，经济发展和人体健康受到影响
严重缺水	≤500	将经受极其严重的缺水

　　因此，本研究提出生态人口迁移公式：

$$pout = \begin{cases} pop - \dfrac{wtpa}{pwat}, & \dfrac{wtpa}{pop} < pwat \\ 0, & \dfrac{wtpa}{pop} \geq pwat \end{cases} \tag{5.40}$$

式中：$pout$ 为理论人口迁移量；pop 为该地区总人口；$wtpa$ 为该地区可利用水资源量；$pwat$ 为该地区人均需水量最小值。

　　式（5.40）的主要物理意义是：当该地区人均可利用水资源量小于人均需水量最小值时，该地区将发生人口迁移；也就是说，以人均需水量最小值为目标，该地区总人口与可利用水资源承载的人口之差即为理论人口迁移量。

5.2.2.4　城市化过程

　　人口迁移运动，从长远的观点看，不是无目的的和完全随机的，人口个体在迁移中有一种趋向，这就是空间聚集。空间聚集的人口在职业上会产生分工，产生地域特性，这个过程意味着城市化。

　　城市化过程是人口迁移过程的特例，主要体现在人口从农村向城市的迁移，因此，人口一般迁移的模型也可以适用于城市化过程。同时，城市化的空间过程不同于人口的一般迁移过程，其差别在于移动的方向特征。一般的迁移过程源地和目的地可以是随机的，而城市化过程中的人口迁移是朝向某个既定中心"城市"辐射的，因此，城市化过程的人口迁移也发展了自身特殊的模型。

　　假设农村人口增加仅取决于自然增长，城市人口增加除自然增长外还来源于农村人口向城市的迁移，这就是 Keyfitz 模型：

$$\begin{cases} \dfrac{\mathrm{d}R(t)}{\mathrm{d}t} = (a-c)R(t) \\[2mm] \dfrac{\mathrm{d}U(t)}{\mathrm{d}t} = bU(t) + cR(t) \\[2mm] Z(t) = \dfrac{U(t)}{U(t)+R(t)} \end{cases} \tag{5.41}$$

式中：$R(t)$、$U(t)$ 分别为 t 时间的农村和城市人口数量；a、b 为农村、城市人口自然增长率；c 为农村人口向城市的迁移率；$Z(t)$ 为城市化水平。

当地区城市化发展到较高水平时，会出现城市向农村的反迁移，于是 Keyfitz 模型可扩展为 Rogers 模型：

$$\begin{cases} \dfrac{\mathrm{d}R(t)}{\mathrm{d}t} = (a-c)R(t) + dU(t) \\[2mm] \dfrac{\mathrm{d}U(t)}{\mathrm{d}t} = (b-d)U(t) + cR(t) \\[2mm] Z(t) = \dfrac{U(t)}{U(t)+R(t)} \end{cases} \tag{5.42}$$

式中：d 为城市人口向农村的迁移率。

考虑到除常数迁移率外，还有城市对农村人口的引力作用，Rogers 模型可扩充为联合国模型：

$$\begin{cases} \dfrac{\mathrm{d}R(t)}{\mathrm{d}t} = (a-c)R(t) + dU(t) - e\dfrac{U(t)R(t)}{U(t)+R(t)} \\[2mm] \dfrac{\mathrm{d}U(t)}{\mathrm{d}t} = (b-d)R(t) + cU(t) + e\dfrac{U(t)R(t)}{U(t)+R(t)} \\[2mm] Z(t) = \dfrac{U(t)}{U(t)+R(t)} \end{cases} \tag{5.43}$$

式中：e 为引力作用常数。

由于选定的流域——石羊河流域是一个主要以农业发展为主的流域，因此，在推求理论城市化水平 *URBP* 表函数时，采用了式（5.41），也就是假设石羊河流域处于城市化发展的初期，农村人口向城市的迁移占绝对优势，而城市人口向农村迁移可忽略不计。

5.2.3　经济子系统

经济子系统对流域演化系统有两方面的作用：一方面是随着经济社会的发展，人们对整个系统的调控和管理能力日趋加强，使之更适合人类生活和生产；另一方面经济活动也会形成对资源和环境的破坏，增加系统的不确定性。

在经济学领域中，对某个地区或者国家的宏观经济系统描述比较成熟通用的理论就是投入产出分析理论。投入产出分析理论最早是由美国著名经济学家瓦西里·列昂惕夫（W·Leontief）首创（我国称为投入产出法），是研究经济系统中各个部分之间在投入与产出方面相互依存的经济数量分析方法。

投入产出分析的基础是投入产出表，在任何一个层次上、为了任何一个目的应用投入产出分析，首先最重要的工作是编制投入产出表，表 5.2 显示了投入产出表的基本结构。

表 5.2　投入产出表的基本结构

产出投入		中间使用				最终使用			总产出
		部门 1	部门 2	...	部门 i	合计	消费	资本形成	合计	
中间投入	部门 1	x_{ij}				x_i	C_i	I_i	Y_i	X_i
	部门 2									
	⋮									
	部门 j									
	合计									
最初投入	折旧	D_j								
	劳动报酬	V_j								
	税利	M_j								
	合计	N_j								
总投入		X_j								

投入产出模型可以反映国民经济活动的许多内容，如社会总产品的分配和使用、社会总产品的价值构成、国民收入的总量和来源、劳动力资源和分配的使用、生产性固定资产的总量与分配、经济增长情况等。衡量经济总体发展水平和相应的结构特征，一般采用国内生产总值（GDP）来表示，GDP 在数值上等于各部门增加值总和，包括折旧、工资和利税，即

$$GDP = \sum_{j=1}^{n} N_j = \sum_{j=1}^{n} Q_j U_j = \sum_{i=1}^{m} Q_i' P_i = \sum_{k=1}^{l} \alpha_k X_k \qquad （5.44）$$

式中：l、m、n 分别为产业部门数、最终产品数和全部产品数；X、Q' 和 Q 为部门总产值、最终产品和总产品量；α、P、U 为产业部门增加值占总产值比例、最终产品价格和产品增加值比例。

将国民经济分为 3 个产业：第一产业、第二产业和第三产业。第一产业为大农业，包括种植业和林牧渔业；第二产业有轻工业、重工业（除能源外）、能源工业和建筑业；第三产业包括交通邮电业和其他服务业。农业的总产值计算

公式如下：

$$av_{d,k} = aav_{d,k} + dav_{d,k} \qquad (5.45)$$

$$aav_{d,k} = aprice_{d,k} \cdot yield_{d,k} \qquad (5.46)$$

$$dav_{d,k} = DP_{d,k} \cdot dprice_{d,k} \qquad (5.47)$$

式中：av 为农业总产值；aav 为粮食产值；dav 为牲畜产值；$aprice$ 为粮食单价；$yield$ 为粮食产量；$DP_{d,k}$ 为牲畜数量；$dprice$ 为牲畜单价。

由于第二产业和第三产业产值计算公式相似，这里仅给出第三产业产值计算公式：

$$Liv_{d,k} = Liv_{d,k-1} + DT \cdot livr_{d,k} \qquad (5.48)$$

$$livr_{d,k} = Liv_{d,k} \cdot livra_{d,k} \qquad (5.49)$$

$$livra_{d,k} = livrc_d(1 - livsw_d \cdot swpa_{d,k}) \qquad (5.50)$$

式中：Liv 为第三产业产值；$livr$ 为时段 DT 内第三产业产值增长量；$livra$ 第三产业产值增长率。

GDP 采用式（5.44）中的部门增加值与总产值关系进行计算：

$$GDP_{d,k} = aoct_{d,k}av_{d,k} + loct_{d,k}Liv_{d,k} + hoct_{d,k}Hiv_{d,k} \qquad (5.51)$$

式中：$aoct$ 为农业部门增加值占其产值比例；$loct$ 为第三产业增加值占其产值比例；$hoct$ 为第二产业增加值占其产值比例。

5.2.4 生态环境子系统

生态环境子系统的关键参数之一是生态环境需水量。生态环境需水量内涵及计算方法在第 3 章已经介绍，这里不再赘述。考虑到生态环境需水量计算项目较多，模拟比较困难，最重要是在第 4 章的水资源使用权分配中已预留出生态环境需水量，因此，本章模型中不再模拟和预测生态环境需水量。

5.3 流域演化模型建立

5.3.1 构建思路

流域演化系统是一个庞大的自然-经济-社会复杂系统，系统的非线性特征十分明显，许多变量无法用常规的系统分析方法求其数学最优解或解析解，只能用系统动力学方法模拟其数值解。同时，由于流域演化系统阶次高、回路多、非线性反馈机制复杂，具有较强的非直观性、动态性、多时段性和多目标性等特点。因此，用系统动力学方法研究流域演化问题不仅是必要的，而且也是可行的。

水资源供需关系是区域水资源系统分析问题的主要思路，也是区域水资源系统的核心矛盾。从供需两方面着手，使其在总体上达到平衡是区域水资源系统建模的基本思想。由于缺水而产生的节水压力是贯穿和连接水资源各组成部分的纽带，其他参数如人口和 GDP 也是子系统间反馈的主要变量。图 5.4 反映了流域演化模型构建的基本思路。

根据流域演化系统特点及建模思路，用因果反馈回路可以简单明确地反映各因素间的本质联系。这里简单列出流域演化系统的几个因果反馈回路关系，其中，反馈回路中符号"A $\xrightarrow{+}$ B"表示 A 指标的增加引起 B 指标的增加；"C $\xrightarrow{-}$ D"表示 C 指标的增加引起 D 指标的减少。

（1）农田灌溉面积反馈回路：农田灌溉面积 $\xrightarrow{+}$ 农业需水量 $\xrightarrow{+}$ 农业缺水量 $\xrightarrow{+}$ 节水压力 $\xrightarrow{-}$ 农田灌溉面积。

（2）林草灌溉面积反馈回路：林草灌溉面积 $\xrightarrow{+}$ 林草需水量 $\xrightarrow{+}$ 林草缺水量 $\xrightarrow{+}$ 节水压力 $\xrightarrow{-}$ 林草灌溉面积。

（3）三产产值反馈回路：三产产值 $\xrightarrow{+}$ 三产需水量 $\xrightarrow{+}$ 三产缺水量 $\xrightarrow{+}$ 节水压力 $\xrightarrow{-}$ 三产产值增长率 $\xrightarrow{+}$ 三产产值。

（4）三产万元产值用水量反馈回路：三产万元产值用水量 $\xrightarrow{+}$ 三产需水量 $\xrightarrow{+}$ 三产缺水量 $\xrightarrow{+}$ 节水压力 $\xrightarrow{+}$ 三产万元产值用水递减率 $\xrightarrow{-}$ 三产万元产值用水量。

（5）三产重复用水量反馈回路：三产重复用水量 $\xrightarrow{-}$ 三产取水量 $\xrightarrow{+}$ 节水压力 $\xrightarrow{+}$ 三产节水投资增长率 $\xrightarrow{+}$ 三产重复用水增长率 $\xrightarrow{+}$ 三产重复用水量。

（6）农业节水量反馈回路：农业节水量 $\xrightarrow{-}$ 缺水量 $\xrightarrow{+}$ 节水压力 $\xrightarrow{+}$ 农业节水投资增长率 $\xrightarrow{+}$ 农业节水固定资产 $\xrightarrow{+}$ 农业节水量。

5.3.2　基本方程

流域演化模型构建思路和反馈回路，只能说明流域演化模型中各变量间的逻辑关系与系统构造，并不能显示其定量关系，因此，需要建立系统动力学方程。系统动力学模型的基本方程是把系统模型结构"翻译"成数学方程的过程，使模型能用计算机进行仿真。根据变量的性质，可把各类变量用状态方程、速率方程和辅助方程等动态方程描述，系统的模型正是由这些动态方程有机地组合构成。本节中，变量的第一字母大写表示是状态方程，例如 W、Cp、Aia 等；变量全部字母大写表示该变量是表函数，例如 WFG、$SRUA$、$CBRA$ 等；速率方程和辅助方程变量没有区别，均用小写字母表示，例如 wtp、pop、$pouti$ 等。

5.3 流域演化模型建立

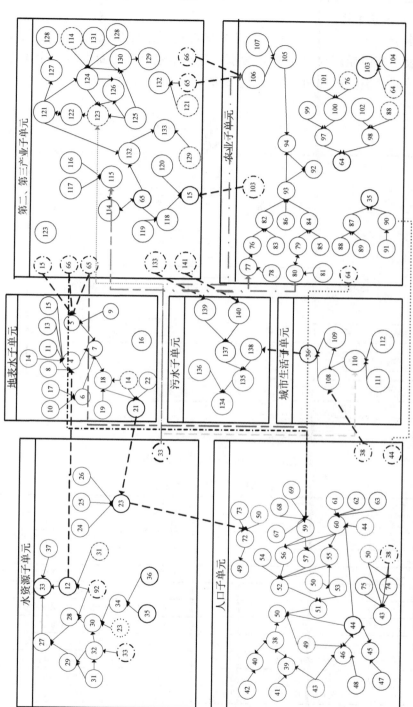

图 5.4 流域演化模型构建思路

注：参数涵义与表 5.3-表 5.9 中的参数涵义完全相同；由于各子单元之间反馈关系较多，为了区别，变量之间同用不同线型的线条连接；参数编号外实线圆圈圆表示普通变量，虚线圆圈圆表示该参数与该参数与其他子单元参数有联系。

5.3.2.1　地表水子单元

地表水子单元主要是利用第 2 章水资源分配理论计算地表水分配量。其中，涉及的地表水资源使用权 A 是第 4 章水资源使用权分配协商模型的计算结果。地表水子单元反馈关系如图 5.5 所示，地表水子单元参数见表 5.3。

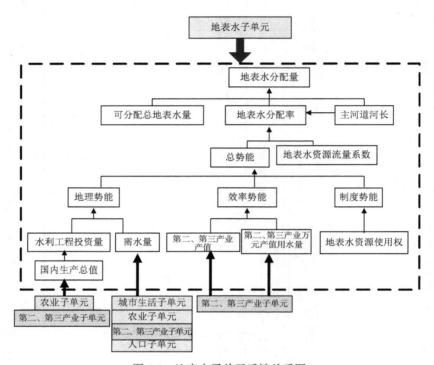

图 5.5　地表水子单元反馈关系图

表 5.3　地表水子单元参数表

编号	符号	代表含义	编号	符号	代表含义
1	d	用水对象	12	wta	总需水量
2	k	年份	13	Fs	主河道平均过水断面积
3	n	用水对象总个数	14	l_d	d 点以上主河道长度
4	φz	地理势能	15	GDP	国内生产总值
5	φe	效率势能	16	ivw	万元产值用水量
6	φa	制度势能	17	A	地表水资源使用权
7	φ	总势能	18	W	地表水资源变化率
8	kz	地理势能系数	19	K	地表水资源流量系数
9	ke	效率势能系数	20	DT	$[k-1,k]$的时间间隔
10	ka	制度势能系数	21	wtp	地表水量
11	wv	水利工程投资量	22	WFR	可分配地表总水量

$$\varphi z_{d,k} = kz_d (1 - \frac{wv_{d,k}}{\sum\limits_{j=1}^{n} wv_{j,k}} \cdot \frac{wta_{d,k}}{\sum\limits_{j=1}^{n} wta_{j,k}}) Fs \cdot l_d \quad (5.52)$$

$$wv_{d,k} = \delta_{d,k} \cdot GDP_{d,k} \quad (5.53)$$

$$\varphi e_{d,k} = -ke_d \cdot iv_{d,k} \cdot ivw_{d,k} \quad (5.54)$$

$$\varphi a_{d,k} = -ka_{d,k} \cdot A_{d,k} \quad (5.55)$$

$$\varphi_{d,k} = \varphi z_{d,k} + \varphi e_{d,k} + \varphi a_{d,k} \quad (5.56)$$

$$\frac{W_{d,k} - W_{d,k-1}}{DT} = \frac{K_{d,k} \cdot (\phi_{d+1,k} - \phi_{d,k}) - K_{d,k} \cdot (\phi_{d,k} - \phi_{d-1,k})}{(l_d - l_{d-1})^2} \quad (5.57)$$

$$wtp_{d,k} = \frac{WFR_k}{\sum\limits_{d=1}^{n} wtp_{d,k}} W_d \cdot (l_d - l_{d-1}) DT \quad (5.58)$$

5.3.2.2 水资源子单元

水资源子单元主要由三部分组成：可用水量、缺水量和节水压力。其中，农业需水量由农业子单元计算；城市需水量由城市生活子单元和第二、第三产业子单元计算，水资源子单元反馈关系如图 5.6 所示，水资源子单元参数见表 5.4。

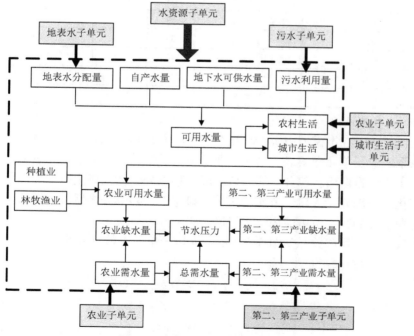

图 5.6 水资源子单元反馈关系图

（1）可用水量：

$$wtpa_{d,k} = wtp_{d,k} + shv_{d,k} + WFG_{d,k} + wt_{d,k} \qquad (5.59)$$

（2）缺水量：

$$gbsd_{d,k} = agbsd_{d,k} + cgbsd_{d,k} \qquad (5.60)$$

$$agbsd_{d,k} = \max(0, awta_{d,k} - aws_{d,k}) \qquad (5.61)$$

$$cgbsd_{d,k} = \max(0, iwta_{d,k} - cnw_{d,k}) \qquad (5.62)$$

$$aws_{d,k} = wtpa_{d,k} - cnw_{d,k} - bwta_{d,k} \qquad (5.63)$$

$$cnw_{d,k} = iwta_{d,k} \cdot (1 - \xi_d \cdot swpa_{d,k}) \qquad (5.64)$$

$$bwta_{d,k} = awl_{d,k} + clwta_{d,k} \qquad (5.65)$$

（3）节水压力：

$$swpa_{d,k} = smooth(\frac{gbsd_{d,k}}{wta_{d,k}}, ps) \qquad (5.66)$$

表 5.4　水资源子单元参数表

编号	符号	代表含义	编号	符号	代表含义
23	wtpa	可用水量	31	iwta	第二、第三产业需水量
24	shv	污水处理量	32	cnw	第二、第三产业用水量
25	WFG	地下水供水量	33	swpa	节水压力
26	wt	外区域调水量或自产水量	34	bwta	基本生活需水量
27	gbsd	总缺水量	35	awl	农村生活需水量
28	agbsd	农业灌溉缺水量	36	clwta	城市生活需水量
29	cgbsd	第二、第三产业缺水量	37	ps	平滑时间
30	aws	农业灌溉可用水量			

5.3.2.3　人口子单元

人口子单元在本模型中属于较复杂的子单元,因为它不仅牵涉水资源子单元,也是联系农业子单元和第二、第三产业子单元的纽带。人口子单元主要有 4 部分组成：①人口自然增长部分；②人口一般迁移部分；③人口生态迁移部分；④人口城市化水平部分。人口子单元考虑了人口生态迁移部分之后,流域演化模型不仅能应用于湿润区,也可应用于干旱区。

人口子单元反馈关系如图 5.7 所示,人口子单元参数见表 5.5。

（1）人口自然增长：

$$Cp_{d,k} = Cp_{d,k-1} + DT(cbr_{d,k} - cdr_{d,k}) \qquad (5.67)$$

$$cbr_{d,k} = CBRA_{d,k} \cdot Cp_{d,k} + tp_{d,k} \qquad (5.68)$$

$$cdr_{d,k} = CDRA_{d,k} \cdot Cp_{d,k} \qquad (5.69)$$

$$Ap_{d,k} = Ap_{d,k-1} + DT(abr_{d,k} - adr_{d,k}) \qquad (5.70)$$

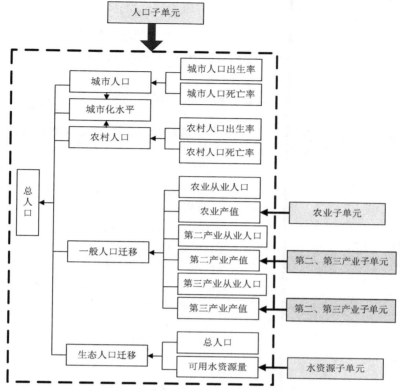

图 5.7 人口子单元反馈关系图

表 5.5 人口子单元参数表

编号	符号	代表含义	编号	符号	代表含义
38	Cp	城镇人口	55	reo	相对就业机会
39	cbr	城镇出生人口	56	rwr	相对工资收入
40	cdr	城镇死亡人口	57	rwm	相对工资指数
41	$CBRA$	城镇人口出生率	58	μ	自然劳动力占总人口比例
42	$CDRA$	城镇人口死亡率数	59	$w_{d,k,i}$	i 产业实际工资收入
43	tp	农村向城镇人口迁移量	60	$e_{d,k,i}$	i 产业从业人员
44	AP	农村人口	61	λ_1	一产从业人员比例
45	abr	农村出生人口	62	λ_2	二产从业人员比例
46	adr	农村死亡人口	63	λ_3	三产从业人员比例
47	$ABRA$	农村人口出生率	64	av	农业产值
48	$ADRA$	农村人口死亡率	65	Liv	二产产值
49	$pwta$	实际人均水资源量	66	Hiv	三产产值
50	pop	总人口	67	β_1	一产从业人员工资比重
51	ecm	一般人口迁移量	68	β_2	二产从业人员工资比重
52	$necm$	相对人口迁移量	69	β_3	三产从业人员工资比重
53	nlf	自然劳动力	70	$pouti$	实际生态迁移人口
54	λ	舒适度水平			

$$abr_{d,k} = ABRA_{d,k} \cdot Ap_{d,k} \tag{5.71}$$

$$adr_{d,k} = ADRA_{d,k} \cdot Ap_{d,k} + tp_{d,k} + pouti_{d,k} \tag{5.72}$$

$$pop_{d,k} = Cp_{d,k} + Ap_{d,k} - ecm_{d,k} - pouti_{d,k} \tag{5.73}$$

（2）人口一般迁移：

$$ecm_{d,k} = necm_{d,k} \cdot nlf_{d,k-1} \tag{5.74}$$

$$necm_{d,k} = \ln \lambda_{d,k} + \sum_{s=0}^{1} \alpha_s \ln rwr_{d,k-s} + \sum_{m=0}^{1} \beta_m \ln reo_{d,k-m} + \sum_{n=0}^{1} \gamma_n \ln rwm_{d,k-n} \tag{5.75}$$

$$nlf_{d,k} = \mu_d \cdot pop_{d,k} \tag{5.76}$$

$$reo_{d,k} = \frac{e_{d,k} / nlf_{d,k}}{e_{u,k} / nlf_{u,k}} \tag{5.77}$$

$$rwr_{d,k} = \frac{\sum_{i}(e_{d,k,i} / e_{d,k}) \times w_{d,k,i}}{\sum_{i}(e_{d,k,i} / e_{d,k}) \times w_{u,k,i}} \tag{5.78}$$

$$rwm_{d,k} = \frac{\sum_{i=1}^{3}(e_{d,k,i} / e_{d,k}) \times w_{u,k,i}}{\sum_{i=1}^{3}(e_{u,k,i} / e_{u,k}) \times w_{u,k,i}} \tag{5.79}$$

$$e_{d,k,1} = \lambda_{1_d} \cdot Ap_{d,k} \tag{5.80}$$

$$e_{d,k,2} = \lambda_{2_d} \cdot Cp_{d,k} \tag{5.81}$$

$$e_{d,k,3} = \lambda_{3_d} \cdot Cp_{d,k} \tag{5.82}$$

$$w_{d,k,1} = \beta_{1_d} \cdot av_{d,k} \tag{5.83}$$

$$w_{d,k,2} = \beta_{2_d} \cdot Liv_{d,k} \tag{5.84}$$

$$w_{d,k,3} = \beta_{3_d} \cdot Hiv_{d,k} \tag{5.85}$$

（3）生态人口迁移：

$$pouti_{d,k} = rpout_d \cdot pout_{d,k} \tag{5.86}$$

$$pout_{d,k} = \begin{cases} pop_{d,k} - \dfrac{wtpa_{d,k}}{pwat_{d,k}} & pwta_{d,k} < pwat_{d,k} \\ 0 & pwta_{d,k} \geqslant pwat_{d,k} \end{cases} \tag{5.87}$$

$$pwta_{d,k} = \frac{wtpa_{d,k}}{pop_{d,k}} \tag{5.88}$$

（4）城市化水平：

$$tp_{d,k} = \begin{cases} URBP_{d,k} \cdot pop_{d,k} - Cp_{d,k} & urba_{d,k} < URBP_{d,k} \\ 0 & urba_{d,k} \geqslant URBP_{d,k} \end{cases} \tag{5.89}$$

$$urba_{d,k} = \frac{Cp_{d,k}}{pop_{d,k}} \qquad (5.90)$$

5.3.2.4 农业子单元

农业子单元主要是模拟国民经济第一产业——农业部类的变量，主要有 4 部分组成：①灌溉面积；②需水量；③产量及产值；④节水固定资产。农业子单元反馈关系如图 5.8 所示，农业子单元参数见表 5.6。

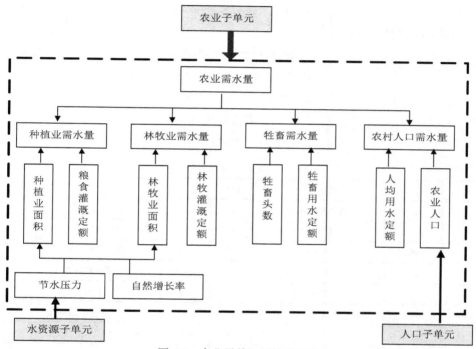

图 5.8 农业子单元反馈关系图

（1）灌溉面积：

$$Aia_{d,k} = Aia_{d,k-1} + DT \cdot aiar_{d,k} \qquad (5.91)$$

$$aiar_{d,k} = Aia_{d,k}(AIARA_{d,k} - \theta_d \cdot swpa_{d,k}) \qquad (5.92)$$

$$Awala_{d,k} = Awala_{d,k-1} + DT \cdot awalar_{d,k} \qquad (5.93)$$

$$awalar_{d,k} = Awala_{d,k}(AWALARA_{d,k} - \theta_d \cdot swpa_{d,k}) \qquad (5.94)$$

（2）需水量：

$$awp_{d,k} = Aia_{d,k} \cdot MIQ_{d,k} \qquad (5.95)$$

$$awal_{d,k} = Awala_{d,k} \cdot AWAD_{d,k} \qquad (5.96)$$

$$awa_{d,k} = awal_{d,k} + awaf_{d,k} \qquad (5.97)$$

$$awll_{d,k} = DP_{d,k} \cdot AWLLD_{d,k} \qquad (5.98)$$

$$awla_{d,k} = AP_{d,k} \cdot AWLAD_{d,k} \qquad (5.99)$$

$$awl_{d,k} = awla_{d,k} + awll_{d,k} \qquad (5.100)$$

$$awtp_{d,k} = awp_{d,k} + awa_{d,k} \qquad (5.101)$$

$$asw_{d,k} = \frac{Afa_{d,k}}{afak_d} \qquad (5.102)$$

$$awta_{d,k} = awtp_{d,k} - asw_{d,k} \qquad (5.103)$$

（3）产量及产值：

$$av_{d,k} = aav_{d,k} + dav_{d,k} \qquad (5.104)$$

$$aav_{d,k} = aprice_{d,k} \cdot yield_{d,k} \qquad (5.105)$$

$$yield_{d,k} = Aia_{d,k} \cdot pyield_{d,k} \qquad (5.106)$$

$$dav_{d,k} = DP_{d,k} \cdot dprice_{d,k} \qquad (5.107)$$

$$agdp_{d,k} = aoct_{d,k} \cdot av_{d,k} \qquad (5.108)$$

表 5.6　农业子单元参数表

编号	符号	代表含义	编号	符号	代表含义
72	pout	理论生态迁移人口	90	awla	农村居民生活需水量
73	pwat	人均需水量最小值	91	AWLAD	农村居民生活用水定额
74	urba	实际城市化水平	92	awta	农业灌溉实际需水量
75	URBP	理论城市化水平	93	awtp	农业灌溉需水量
76	Aia	农田灌溉面积	94	asw	农业节水量
77	aiar	农田灌溉面积增长量	95	Afa	农业节水固定资产
78	AIARA	农田规划面积增长率	96	afak	单位节水量固定资产
79	Awala	林草灌溉面积	97	aav	粮食产值
80	awalar	林草灌溉面积增长量	98	dav	牲畜产值
81	AWALARA	林草规划面积增长率	99	aprice	粮食单价
82	awp	农田灌溉需水量	100	yield	粮食产量
83	MIQ	农田灌溉用水定额	101	pyield	单位面积粮食产量
84	awal	林草灌溉需水量	102	dprice	牲畜单价
85	AWAD	林草灌溉用水定额	103	agdp	农业部门增加值
86	awaf	其他生态需水量	104	aoct	农业增加值占农业产值比例
87	awll	牲畜需水量	105	Afa	农业节水固定资产
88	DP	牲畜头数	106	afair	农业节水投资增长率
89	AWLLD	牲畜用水定额	107	afadr	农业节水固定资产折旧率

（4）节水固定资产：

$$Afa_{d,k} = Afa_{d,k-1} + DT(afair_{d,k} - afadr_{d,k}) \qquad (5.109)$$

$$afair_{d,k} = amoi_{d,k} + aiv_{d,k} \qquad (5.110)$$

$$afadr_{d,k} = afadc_d \cdot Afa_{d,k} \qquad (5.111)$$

$$aiv_{d,k} = (Liv_{d,k} + Hiv_{d,k})aivc_d \cdot aivsw_d \cdot swpa_{d,k} \qquad (5.112)$$

5.3.2.5   城市生活子单元

城市生活子单元是流域演化模型中最简单的子单元，主要计算城市生活和环境需水量。城市生活子单元参数见表 5.7。

$$clwta_{d,k} = rwt_{d,k} + pwt_{d,k} \qquad (5.113)$$

$$rwt_{d,k} = rwtpc_{d,k} \cdot Cp_{d,k} \qquad (5.114)$$

$$rwtpc_{d,k} = RWTPA_{d,k}(1 - rwtsw_d \cdot swpa_{d,k}) \qquad (5.115)$$

$$pwt_{d,k} = pwtc_d \cdot rwt_{d,k} \qquad (5.116)$$

表 5.7   城市生活子单元参数

编号	符号	代表含义	编号	符号	代表含义
108	rwt	城市居民需水量	111	$RWTPA$	规划人均用水定额
109	pwt	城市环境需水量	112	$rwtsw$	城市人均用水定额系数
110	$rwtpc$	城市人均实际用水定额	113	$pwtc$	城市环境需水系数

5.3.2.6   第二、第三产业子单元

本书将国民经济分为了 3 个产业：第一产业、第二产业和第三产业。第一产业公式及参数已在农业子单元中说明，第二、第三产业的产值、用水量和节水固定资产将在本子单元中说明。第二、第三产业子单元反馈关系如图 5.9 所示，第二、第三产业子单元参数见表 5.8。由于第二产业和第三产业公式相似，这里仅给出第三产业变量计算公式。

（1）产值：

$$Liv_{d,k} = Liv_{d,k-1} + DT \cdot livr_{d,k} \qquad (5.117)$$

$$livr_{d,k} = Liv_{d,k} \cdot livra_{d,k} \qquad (5.118)$$

$$livra_{d,k} = livrc_d(1 - livsw_d \cdot swpa_{d,k}) \qquad (5.119)$$

$$\lg dp_{d,k} = loct_{d,k} \cdot Liv_{d,k} \qquad (5.120)$$

$$gdp_{d,k} = agdp_{d,k} + \lg dp_{d,k} + hgdp_{d,k} \qquad (5.121)$$

（2）用水量：

$$Livw_{d,k} = Livw_{d,k-1} + DT \cdot livwr_{d,k} \qquad (5.122)$$

$$livwr_{d,k} = -Livw_{d,k} \cdot liwa_{d,k} \qquad (5.123)$$

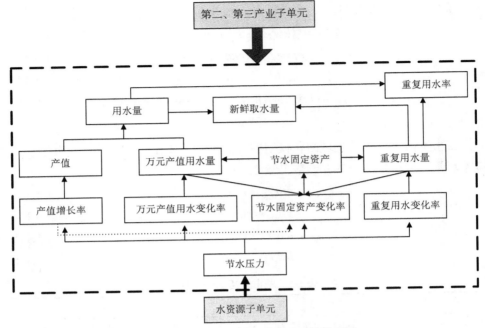

图 5.9　第二、第三产业子单元反馈关系图

$$liwa_{d,k} = liwsw_{d,k} \cdot swpa_{d,k} \frac{lfair_{d,k} - lfadr_{d,k}}{Lfa_{d,k}} \qquad (5.124)$$

$$livwa_{d,k} = Livw_{d,k}(1 - lrwra_{d,k}) \qquad (5.125)$$

$$Lirw_{d,k} = Lirw_{d,k-1} + DT \cdot lirwr_{d,k} \qquad (5.126)$$

$$lirwr_{d,k} = lfc_{d,k} \frac{lfair_{d,k} - lfadr_{d,k}}{LRWIC_{d,k}} \qquad (5.127)$$

$$liwtp_{d,k} = Liv_{d,k} \cdot Livw_{d,k} \qquad (5.128)$$

$$liwta_{d,k} = liwtp_{d,k} - Lirw_{d,k} \qquad (5.129)$$

$$lrwra_{d,k} = \frac{Lirw_{d,k}}{liwtp_{d,k}} \qquad (5.130)$$

（3）节水固定资产：

$$Lfa_{d,k} = Lfa_{d,k-1} + DT(lfair_{d,k} - lfadr_{d,k}) \qquad (5.131)$$

$$lfair_{d,k} = lmoi_{d,k} + liva_{d,k} \qquad (5.132)$$

$$lfadr_{d,k} = lfadc_d \cdot lfa_{d,k} \qquad (5.133)$$

$$liva_{d,k} = livac_d \cdot livswa_{d,k} \cdot lrwr_{d,k} \frac{livr_{d,k} \cdot livw_{d,k}}{LRWIC_{d,k}} \qquad (5.134)$$

$$livswa_{d,k} = 1 + livswc_d \cdot swpa_{d,k} \quad （5.135）$$

$$lrwr_{d,k} = \min\left\{k_1(lrwrc_d - lrwra_{d,k}), lrwrac_d\right\} \quad （5.136）$$

表 5.8　第二、第三产业子单元参数表

编号	符号	代表含义	编号	符号	代表含义
114	livr	第三产业产值增长量	124	lfair	第三产业节水投资增长量
115	livra	第三产业产值增长率	125	lfadr	第三产业节水固定资产折旧量
116	livrc	第三产业产值增长参数 1	126	Lfa	第三产业节水固定资产
117	livsw	第三产业产值增长参数 2	127	livwa	第三产业万元产值取水量
118	lgdp	第三产业增加值	128	lrwra	第三产业重复用水率
119	loct	第三产业增加值占产值比例	129	Lirw	第三产业重复用水量
120	hgdp	第二产业部门增加值	130	lirwr	第三产业重复用水增长量
121	Livw	第三产业万元产值用水量	131	LRWIC	重复用水投资成本
122	livwr	第三产业万元产值用水递减量	132	liwtp	第三产业用水量
123	liwa	第三产业万元产值用水递减率	133	liwta	第三产业需要取水量

5.3.2.7　污水子单元

污水子单元主要目的是模拟和预测流域演化系统中污水处理量和污水排放量指标。污水子单元反馈关系如图 5.10 所示，污水子单元参数见表 5.9。

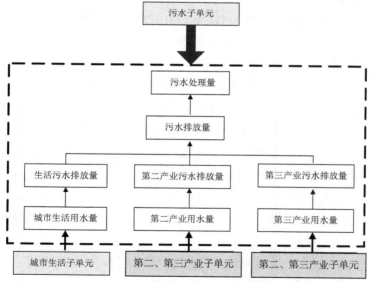

图 5.10　污水子单元反馈关系图

（1）污水处理量：

$$shv_{d,k} = cds_{d,k} \cdot SHR_{d,k} \qquad (5.137)$$

（2）污水排放量：

$$cds_{d,k} = rds_{d,k} + ids_{d,k} \qquad (5.138)$$

$$rds_{d,k} = rdsc_d \cdot clwta_{d,k} \qquad (5.139)$$

$$ids_{d,k} = hds_{d,k} + lds_{d,k} \qquad (5.140)$$

$$lds_{d,k} = ldsc_d \cdot liwta_{d,k} \qquad (5.141)$$

$$hds_{d,k} = hdsc_d \cdot hiwta_{d,k} \qquad (5.142)$$

表 5.9　污水子单元参数

编号	符号	代表含义	编号	符号	代表含义
134	shv	污水处理量	138	rds	生活污水排放量
135	cds	总污水排放量	139	lds	第二产业污水排放量
136	SHR	污水处理率	140	hds	第三产业污水排放量
137	ids	工业污水排放量	141	$hiwta$	第三产业取水量

5.4　小结

本章主要目的是应用第 2 章水资源分配理论和第 4 章水资源使用权分配协商模型建立流域演化模型，主要内容如下：

（1）概述系统动力学方法。对系统动力学中系统结构、系统动力学对系统描述、系统动力学解决问题主要步骤和系统动力学的特有语言——DynaMo 语言进行简要的描述。

（2）分析流域演化系统。流域演化系统主要包括水资源子系统、人口子系统、经济子系统和生态环境子系统。水资源子系统包括供水子系统和需水子系统，供水子系统采用第 2 章水资源分配理论和第 4 章水资源使用权分配协商模型建立，需水子系统采用常规方法推求其关键参数——需水量；经济子系统采用简化方法进行模拟；人口子系统在本模型中模拟较为细致，包括人口增长过程、人口一般迁移过程、生态人口迁移过程和城市化过程等，其中，人口一般迁移过程是在前人理论基础上修改后得到的公式，生态人口迁移是干旱区所特有的现象，本书建立生态人口迁移公式。

（3）描述流域演化模型构建思路。流域演化模型采用系统动力学方法建立，其主要原因是系统动力学方法可以实现系统之间的反馈关系，而自然科学与社会科学的结合——水资源-社会经济-生态环境-制度无疑是一个大的反馈回路。在对流域演化系统分析基础上，描述了流域演化模型的构建思路和结构。

（4）建立流域演化模型。流域演化模型主要包括如下子单元：地表水子单元，人口子单元，农业子单元，城市生活子单元，第二、第三产业子单元和污水子单元。其中，地表水子单元应用第 2 章和第 4 章的理论和模型建立；人口子单元中考虑人口生态迁移使得建立的流域演化模型不仅适用于湿润区，也适用于干旱区。地表水子单元和人口子单元中的生态人口迁移是本书建立的流域演化模型的特色。

（5）流域演化模型中参数率定和应用将在第 6 章介绍。以干旱区内陆河流域——石羊河流域为例，应用流域演化模型分析流域演化方向和社会经济发展状况。

第6章　石羊河流域演化预测分析

本章首先对石羊河流域的自然条件、社会经济、水资源利用和水资源使用权制度建设进行简要介绍；接着应用第4章的水资源使用权分配协商模型对石羊河流域进行水资源使用权分配；最后采用流域演化模型对石羊河流域未来年份演化状况进行分析。

6.1　流域概况

石羊河流域位于甘肃省河西走廊东部,祁连山北麓,东经 101°41′~104°16′,北纬 36°29′~39°27′。东南与白银、兰州两市相连,西南紧靠青海省,西北与张掖市毗邻,东北与内蒙古自治区接壤,流域面积 4.16 万 km²,流域行政区划包括武威市的古浪县、凉州区、民勤县全部及天祝县部分,金昌市的永昌县及金川区全部以及张掖市肃南裕固族自治县部分共 3 市, 7 县区总人口 220 余万人。由于天祝藏族自治县仅有一个安远灌区,肃南县仅有很小部分区域属于石羊河流域,因此,基本资料(尤其是 GDP 等数据)获取比较困难。本书计算中,重点分析古浪县、凉州区、民勤县、永昌县和金川区 5 个区县。

6.1.1　自然条件

(1)气候。石羊河流域深居大陆腹地,远离海洋,属于大陆性温带干旱气候。由于流域地形复杂,地势高低悬殊,气候差异较大,自南向北大致划分为三个气候区。南部祁连山高寒半干旱半湿润区, 海拔 2000~5000m, 年降水量 300~600mm, 年蒸发量 700~1200mm, 干旱指数在 1~4 之间；中部走廊平原温凉干旱区, 海拔 1500~2000m, 年平均气温小于 7.8℃, 大于 0℃积温 2620~3550℃,年降水量 150~300mm,年降水日数 50~80d,无霜期 120~155d,年蒸发量 1300~2000mm, 干旱指数在 4~15 之间；北部温暖干旱区, 包括民勤全部、古浪北部、武威东北部和金昌市龙首山以北的地域, 海拔 1300~1500m, 年平均气温 8℃, 大于 0℃积温 3550℃以上, 年降水量小于 150mm。民勤北部接近腾格里沙漠边缘地带年降水量 50mm, 区域年降水日数小于 50d, 平均相对湿度小于 45%, 年蒸发量 2000~2600mm，干旱指数 15~25。

（2）地形地貌。石羊河流域地处黄土、青藏和蒙新三大高原的交汇过渡地带，地势南高北低，自西南向东北倾斜。全流域大致可分为南部祁连山地，中部走廊平原区，北部低山丘陵区及荒漠区四大地貌单元。

南部祁连山地，海拔高度 2000~5000m，其最高的冷龙岭主峰海拔 5254m，4500m 以上有现代冰川分布，山脉大致呈西北—东南走向；北部低山丘陵区，为低矮的趋于准平原化荒漠化的北山，海拔低于 2000m；中部走廊平原区，在走廊平原区中部由于东西向龙首山东延的余脉—韩母山、红崖山和阿拉古山的断续分布，将走廊平原分隔为南北盆地，南盆地包括大靖、武威、永昌三个盆地，海拔 1400~2000m，北盆地包括民勤—潮水盆地、昌宁—金昌盆地，海拔 1300~1400m，最低点的白亭海仅 1020m（已干涸）。

（3）水系特征。石羊河流域水系发源于祁连山，自东向西由大靖河、古浪河、黄羊河、杂木河、金塔河、西营河、东大河、西大河八条河流及多条小沟小河组成，河流补给来源为山区大气降水和高山冰雪融水。石羊河流域按照水文地质单元又可分为三个独立的子水系，即大靖河水系、六河水系及西大河水系。大靖河水系主要由大靖河组成，隶属大靖盆地，其水量在本盆地内转化利用。六河水系上游主要由古浪河、黄羊河、杂木河、金塔河、西营河、东大河组成，隶属于武威南盆地，其水量在该盆地内经利用转化，最终在南盆地边缘汇成石羊河，进入武威北盆地即民勤盆地，石羊河水量在该盆地全部被消耗利用。西大河水系上游主要由西大河组成，隶属永昌盆地，其水量在该盆地内利用转化后，汇入金川峡水库，进入金川—昌宁盆地，在该盆地内全部被消耗利用。

6.1.2 社会经济概况

流域主要分属武威、金昌两市，武威市是以农业发展为主的县市，金昌市是我国著名的有色金属生产基地。截至 2000 年底，流域内总人口为 223.23 万人，其中农业人口为 173.31 万人，城镇人口为 60.41 万人，城市化率为 27.06%。耕地面积为 552.82 万亩，林地面积为 288.4 万亩，牧草地面积为 1122.4 万亩；总灌溉面积为 464.7 万亩，农田灌溉面积为 438.4 万亩，其中保灌面积为 310.4 万亩，林草灌溉面积为 26.35 万亩。国内生产总值为 94.72 亿元，工业总产值为 97.16 亿元，农业总产值为 43.77 亿元。人均农田灌溉面积为 1.96 亩，人均保灌面积为 1.39 亩，人均粮食产量为 446.6kg，农民人均纯收入为 2035 元，人均国内生产总值为 4244 元。

6.1.3　水资源利用状况

石羊河流域水资源总量为 16.60 亿 m^3，其中地表水资源量为 15.60 亿 m^3，地下水资源量为 1.00 亿 m^3。石羊河流域年径流深垂直及水平呈梯度分布，由祁连山区的 500mm 向浅山区递减为 5mm，产流主要在祁连山区，山区径流由降雨及冰雪融化补给，流域出山口地表水资源量为 15.60 亿 m^3，中部平原区至北部干旱区基本不产流。其中，出山口 8 条大支流多年平均天然径流量为 14.55 亿 m^3（1956—2000 年），流域内主要河川径流量见表 6.1。11 条小沟小河多年平均径流量为 0.48 亿 m^3，浅山区径流量为 0.58 亿 m^3，三项合计 15.60 亿 m^3。地下水资源量为与地表水不重复的地下补给量，包括降水补给量、沙漠侧向流入量和祁连山区侧向流入量，三项合计 1.00 亿 m^3。

表 6.1　石羊河流域 8 条大支流多年平均天然径流量

河　名	大靖河	古浪河	黄羊河	杂木河	金塔河	西营河	东大河	西大河	合计
径流量/亿 m^3	0.13	0.73	1.43	2.38	1.37	3.70	3.23	1.58	14.55

流域现有蓄水工程、引水工程、提水工程、地下水供水工程及跨流域调水工程共五类供水工程。截至 2000 年，全流域设计供水能力为 37.91 亿 m^3，其中蓄水工程为 16.56 亿 m^3，引水工程为 5.13 亿 m^3，地下水供水工程为 15.28 亿 m^3，跨流域调水为 0.60 亿 m^3，其他为 0.34 亿 m^3。现状供水能力为 29.90 亿 m^3，是设计供水能力的 78.9%。

2000 年社会经济各部门总用水量为 28.54 亿 m^3。其中工业用水量为 1.62 亿 m^3，占总用水量的 5.68%；农田灌溉用水量为 24.55 亿 m^3，占 86.02%；林草用水量为 1.25 亿 m^3，占 4.37%；城市生活用水量为 0.54 亿 m^3，占 1.89%；农村生活用水量为 0.58 亿 m^3，占 2.03 %。根据《中国水资源公报》，2000 年全国工业用水占总用水量的 20.7%，农业用水占 68.8%，生活用水占 10.5%。

6.1.4　水资源使用权制度建设

石羊河流域水资源使用权制度建设分为两个阶段："以时分水"阶段和"以量分水"阶段。

石羊河自古就有"以时分水"协议。水利纷争是历史时期石羊河流域主要的社会矛盾之一，解决争水矛盾的方法，除了新开灌渠外，主要是建立不同层次的分水制度[82]：有河流上下游各县之间的分水，可称为一次分水；有一县各渠坝之间的分水，称为二次分水；有一渠坝各用水户之间的分水，为三次分水。各县之间的分水，按照先下游，后上游的原则分配，由各县协商解决，如果协调不成，则由上级协调，甚至调用兵力，强行分水。分水的技术方法之一是确立水期、水额。水期，是用水的时间。水额，是用水的定额。武威、永昌等县都通行水期，水期已定，再分配用水定额。镇番（现为民勤县）各渠用水都有定额。分水技术方法之二是以各渠坝为纲，牌期为目，把各牌期水分配给各渠坝。

中华人民共和国成立后，因经济社会发展的需要，1962 年甘肃省省委指示省水利厅、武威专区和武威（凉州区）、民勤、永昌三县负责人，制定《关于解决武威、民勤、永昌三县用水问题的报告》，规定武威（凉州）向民勤每年放水两次，时间为七月、九月。该协议在当时未得到真正执行和实施[1]。

进入 20 世纪 70 年代后，石羊河流域基本进入人工水系时代，地表和地下径流发生了根本变化，"以时分水"协议实施的基础已荡然无存。在这种情况下，1990 年甘肃省政府批准了"以量分水"的《石羊河流域初步水利规划》。因资金、责任不到位，该规划也一直未得到执行。由于"以时分水"协议实施基础已不复存在，协议的实施"有名无实"，无法调解上下游用水需求矛盾，造成整个流域用水的无序和混乱。

6.2 水资源使用权分配

6.2.1 分配范围

由于现行我国水资源管理体制不健全，水量监测设施不完善，导致地下水管理和监测的困难。因此，本书中提到的水资源使用权分配主要是地表水资源量的分配，地下水资源量不在分配范畴之列。

6.2.2 基本数据

本次计算中，由于天祝县、山丹县和肃南县仅有部分区域属于石羊河流域，这些地区 2000 年 GDP 资料获取比较困难，因此，扣除这 3 县 2000 年使用石羊河水量后，对石羊河流域地表水资源量进行分配。以 2000 年为基准年，参照 2000 年石羊河流域各区县水资源使用量以及社会经济指标（表 6.2），进行水资源使用权的分配。

---

[1] 《中国水权制度建设调研报告汇编》，2006。

表 6.2　2000 年石羊河流域用水量及社会经济指标

县（区）	WB_i/亿 m³	WO_i/亿 m³	GDP_i/亿元
古浪县	0.07	0.58	4.92
凉州区	0.58	7.12	42.80
民勤县	0.13	5.26	8.80
永昌县	0.11	2.34	12.20
金川区	0.20	1.82	22.90
合计	1.09	17.12	91.62

6.2.3　权重系数

采用 EM 法和 LLSM 法对水资源使用权分配协商模型中 5 个原则指标求权重系数。由于条件限制，本书选取 50 个决策人确定指标重要性判断矩阵。对 5 个原则设计和发放调查问卷，对其相对重要性进行调查。根据他们对 5 个原则重要性的理解程度进行两两比较并打分，采用不满意度最小准则确定最终的指标重要性判断矩阵，最后，采用 EM 法和 LLSM 法计算权重系数，结果见表 6.3。

表 6.3　原则权重系数计算结果

原则指标	LLSM 法	EM 法	EM 同比例缩减
生态用水保障原则	0.197	0.2705	0.187
基本用水保障原则	0.637	0.9528	0.659
占用优先原则	0.028	0.0408	0.028
公平性原则	0.084	0.1113	0.077
高效性原则	0.054	0.0706	0.049
合计	1.000	1.446	1.000

为了使得权重系数和等于 1，对 EM 方法计算结果进行同比例缩减。从表 6.3 中可以看出，LLSM 法与 EM 法计算结果略有不同。由于 LLSM 法的前提假定差异最小化有时不一定成立，而采用 Matlab 计算特征值和特征向量也比较容易，因此，采用 EM 同比例缩减结果作为本次计算的最终权重值。

6.2.4　生态环境需水量

石羊河流域多年平均地表水资源量为 15.6 亿 m³，由式（4.16）计算的生态环境需水量为 8.3 亿 m³。根据统计数据，2000 年流域总用水量为 28.5 亿 m³，远远大于多年平均地表水资源总量，石羊河流域处于严重超载状态。鉴于此，综合考虑经济社会发展和环境因素，本研究确定基本生态需水量为生态环境需水量 W_E。

石羊河流域基本生态需水包括北拒风沙的天然生态基本需水和中保绿洲的人

工绿洲防护林体系基本需水。根据土地资源详查成果，现状石羊河流域的人工防护林网体系约占农田灌溉面积的 5%~7%，灌溉定额为 150~160m³/亩[1]。

根据相关的研究成果和监测成果分析，河西走廊地区人工绿洲防护林体系占农田灌溉面积的合理比例为 8%～10%。依树木高度和风力变化，考虑石羊河流域各县区地处风沙线，从流域生态安全出发，按农田灌溉面积的 4%～5%计算北拒风沙的天然生态基本需水。两项合计，基本生态需水占农田灌溉面积的合理比例为：金川区、民勤县为 15%，其余各县 12%；配水定额均为 160 m³/亩，以保障林木处于基本生长状态。根据上述标准，计算得出石羊河流域基本生态需水量为 0.63 亿 m³（表 6.4）。

表 6.4　石羊河流域基本生态环境需水计算表

县（区）		占农田灌溉面积比例/%	基本生态面积/万亩	需水定额/（m³/亩）	需水量/万 m³
出山口以下	合计	12.7	38.60	160	6234
	凉州区	12.0	18.00	160	2931
	民勤县	15.0	9.50	160	1525
	古浪县	12.0	3.80	160	609
	金川区	15.0	1.50	160	240
	永昌县	12.0	5.80	160	929
出山口以上	合计	7.6	0.67		106
	凉州区	12.0	0.40	160	69
	民勤县	15.0	0.00		0
	古浪县	2000 年数据	0.20	160	26
	金川区	15.0	0.00		0
	永昌县	12.0	0.00		0
	肃南县	2000 年数据	0.07	160	11
总　计			39.27		6340

6.2.5　计算结果

6.2.5.1　多年平均地表水资源量

根据表 6.4，生态环境需水量确定为 0.63 亿 m³，扣除天祝县、山丹县和肃南县的 2000 年用水量 0.08 亿 m³、0.07 亿 m³ 和 0.14 亿 m³，剩余的多年平均地表水资源量即为社会经济总分配水量（表 6.5）。

表 6.5　石羊河流域多年平均地表水资源量及生态环境需水量

W_T/亿 m³	W_E/亿 m³	W_S/亿 m³
14.25	0.63	13.62

---

[1] 石羊河流域近期重点治理规划（送审稿），2005。

采用水资源使用权分配协商模型计算石羊河流域不同区县分配水量，不同分配原则满意度计算结果见表 6.6。从表 6.6 中可以看出，基本用水保障原则和公平性原则得到了全部满足；如果将生态环境需水量确定为基本生态需水（0.63 亿 m³），基本生态环境需水也得到全部满足；占用优先原则满足程度较高，为 0.795；高效性原则满足程度相对较差，仅为 0.338。

表 6.6　石羊河流域多年平均原则满意度计算表

目标函数	S	RES	ROS	RBS	RFS	RHS
满意度值	0.961824	1.000000	0.795231	1.000000	0.999997	0.337914

以石羊河流域 2000 年实际用水量为基本数据，分配石羊河流域地表水资源使用权，其中，计算得 $W_E' = 0.63$ 亿 m³，其他省区分配结果见表 6.7。

表 6.7　石羊河流域多年平均地表水资源使用权分配

县（区）	古浪县	凉州区	民勤县	永昌县	金川区
水量/亿 m³	0.46	5.67	4.18	1.86	1.45

6.2.5.2　不同水平年河川径流量

分析石羊河流域控制各站年径流量，得到频率为 $P=10\%$、$P=25\%$、$P=50\%$、$P=75\%$ 和 $P=95\%$ 下，石羊河流域 8 条支流地表水资源量分别为 18.64 亿 m³、16.47 亿 m³、14.22 亿 m³、12.28 亿 m³ 和 10.77 亿 m³（见表 6.8）。

表 6.8　石羊河流域控制各站年径流特征值

河流名称		大靖河	古浪河	黄羊河	杂木河	金塔河	西营河	东大河	西大河	合计
测站名称		大靖峡水库	古浪	黄羊河水库	杂木寺	南营水库	四沟咀	沙沟寺	插剑门	
集水面积/km²		389	877	828	851	841	1455	1545	811	7597
天然径流量参数	均值	0.13	0.73	1.43	2.38	1.37	3.7	3.23	1.58	14.55
	C_V	0.48	0.32	0.24	0.26	0.22	0.18	0.15	0.25	
	C_S/C_V	2.5	2.5	2.0	2.5	2.5	2.5	2.5	2.5	
天然径流量/亿 m³	$P=10\%$	0.21	1.04	1.88	3.22	1.77	4.57	3.85	2.10	18.64
	$P=25\%$	0.16	0.87	1.65	2.76	1.56	4.12	3.53	1.82	16.47
	$P=50\%$	0.11	0.70	1.40	2.31	1.34	3.63	3.19	1.54	14.22
	$P=75\%$	0.08	0.56	1.18	1.93	1.15	3.22	2.87	1.29	12.28
	$P=90\%$	0.06	0.47	1.01	1.64	1.01	2.88	2.62	1.11	10.79
实测径流量参数	均值	0.12	0.69	1.33	2.35	1.36	3.68	3.09	1.57	14.19
	C_V	0.48	0.32	0.24	0.26	0.22	0.18	0.15	0.25	
	C_S/C_V	2.5	2.5	2.0	2.5	2.5	2.5	2.5	2.5	
实测径流量/亿 m³	$P=10\%$	0.2	0.98	1.76	3.17	1.76	4.56	3.71	2.09	18.23
	$P=25\%$	0.15	0.82	1.53	2.73	1.55	4.12	3.39	1.82	16.11
	$P=50\%$	0.11	0.66	1.30	2.28	1.34	3.64	3.06	1.53	13.92

河流名称	大靖河	古浪河	黄羊河	杂木河	金塔河	西营河	东大河	西大河	合计
测站名称	大靖峡水库	古浪	黄羊河水库	杂木寺	南营水库	四沟咀	沙沟寺	插剑门	
实测径流量/亿 m³ P=75%	0.08	0.52	1.10	1.90	1.14	3.20	2.75	1.29	11.98
	P=90%	0.06	0.43	0.94	1.62	1.01	2.87	2.54	1.1	10.57

特丰年份，石羊河流域 8 条支流地表水资源量为 18.64 亿 m³，扣除天祝县、山丹县和肃南县 2000 年的用水量 0.29 亿 m³，剩余水资源量为 18.35 亿 m³，大于 2000 年经济社会用水量 17.13 亿 m³，设定此水平年下生态环境需水量 W_E = 1.22 亿 m³；丰水年，石羊河流域 8 条支流地表水资源量 16.47 亿 m³，5 区县可分配水资源量为 16.18 亿 m³，小于基准年经济社会用水，设定 W_E = 0.63 亿 m³；其他水平年，5 区县可分配水资源量均小于基准年经济社会用水，设定 W_E = 0.63 亿 m³，具体见表 6.9。

表 6.9 不同水平年石羊河流域可分配水资源量及生态环境需水量

水平年	W_T/亿 m³	W_E/亿 m³	W_S/亿 m³
P=10%	18.35	1.22	17.13
P=25%	16.18	0.63	15.55
P=50%	13.93	0.63	13.30
P=75%	12.00	0.63	11.37
P=90%	10.49	0.63	9.86

通过水资源使用权分配协商模型，计算不同水平年原则满意度函数见表 6.10。从表 6.10 中可以看出：在任何水平年，基本生活用水、基本生态用水和公平性原则都能够得到满足；在特丰年份，占用优先原则也得到满足；高效性原则满意度较差，且不同水平年变化不大。

表 6.10 石羊河流域不同水平年原则满意度

水平年	S	RES	ROS	RBS	RFS	RHS
P=10%	0.967540	1.000000	1.000000	1.000000	0.999774	0.337896
P=25%	0.964979	1.000000	0.907918	1.000000	0.999997	0.337914
P=50%	0.961301	1.000000	0.776548	1.000000	0.999997	0.337914
P=75%	0.958146	1.000000	0.663861	1.000000	0.999997	0.337914
P=90%	0.955677	1.000000	0.575696	1.000000	0.999997	0.337914

表 6.11 显示在 P=10%、P=25%、P=50%、P=75% 和 P=90% 频率下，石羊河流域各县（区）分配水资源使用权；图 6.1 为石羊河流域不同水平年水资源使用权分配比例。

表 6.11　石羊河流域不同水平年水资源使用权分配量

县（区）	水资源使用权分配量/亿 m³				
	$P=10\%$	$P=25\%$	$P=50\%$	$P=75\%$	$P=90\%$
古浪县	0.58	0.53	0.45	0.38	0.33
凉州区	7.13	6.47	5.53	4.73	4.10
民勤县	5.26	4.78	4.09	3.49	3.03
永昌县	2.34	2.12	1.81	1.55	1.35
金川区	1.82	1.66	1.42	1.21	1.05
生态	1.22	0.63	0.63	0.63	0.63

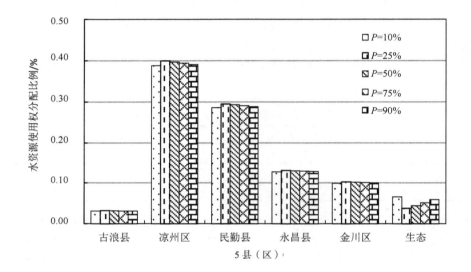

图 6.1　石羊河流域不同水平年水资源使用权分配比例

6.2.5.3　水资源可利用量

表 6.12 列出了石羊河流域出山口以下水资源可利用量计算成果。以石羊河流域水资源可利用量 13.70 亿 m³ 分配水资源使用权，扣除天祝县、山丹县和肃南县用水量 0.29 亿 m³，剩余水量 13.41 亿 m³，设定生态环境需水量 $W_E = 0.63$ 亿 m³。采用水资源使用权分配协商模型计算石羊河流域不同区县分配水量，不同原则满意度计算结果见表 6.13。

表 6.12　出山口以下可用水资源量计算

河流名称	大靖河	古浪河	黄羊河	杂木河	金塔河	西营河	东大河	西大河	合计
控制断面	大靖峡水库	古浪水文站	黄羊河水库	水文站	南营水库	四沟咀	皇城水库	西大河水库	
控制断面实测水资源量/亿 m³	0.12	0.69	1.33	2.35	1.36	3.69	3.09	1.57	14.20

续表

河流名称		大靖河	古浪河	黄羊河	杂木河	金塔河	西营河	东大河	西大河	合计
控制断面		大靖峡水库	古浪水文站	黄羊河水库	水文站	南营水库	四沟咀	皇城水库	西大河水库	
控制断面以上还原水量/亿 m³		0.01	0.04	0.10	0.03	0.01	0.02	0.14	0.00	0.35
控制断面天然水资源量/亿 m³		0.13	0.73	1.43	2.38	1.37	3.70	3.23	1.58	14.55
控制断面以上用水量/万 m³	乡镇人口	0.00	35.20	12.37	0.00	0.69	0.99	2.96	1.25	53.46
	农村人口	23.10	263.10	89.18	28.60	31.89	2.43	0.85	1.89	441.04
	牲畜	12.00	257.40	53.72	15.09	20.03	13.92	42.22	22.58	436.96
	农田	60.50	644.80	1969.40	0.00	58.58	94.16	3356.89	86.29	6270.62
	林草	6.40	53.10	0.00	0.00	0.00	0.00	0.00	0.00	59.50
	工业	0.00	0.00	0.00	0.00	0.00	6.30	0.00	6.40	12.70
	合计	102.00	1253.60	2124.67	43.69	111.19	117.80	3402.92	118.41	7274.28
水库蒸发量/万 m³		9.60	90.00	330.00		100.00	330.00	240.00	200.00	1299.6
控制断面可用水资源量/亿 m³		0.12	0.59	1.18	2.38	1.35	3.66	2.87	1.55	13.70

表 6.13　石羊河流域多年平均原则满意度计算表

目标函数	S	RES	ROS	RBS	RFS	RHS
满意度值	0.952421	1.000000	0.745019	1.000000	0.999997	0.337914

以石羊河流域 2000 年实际用水量数据为基本数据,分配石羊河流域水资源使用权,计算得 $W_E' = 0.63$ 亿 m³,其他县(区)分配结果见图 6.2。

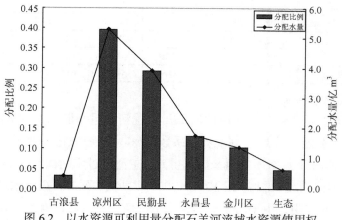

图 6.2　以水资源可利用量分配石羊河流域水资源使用权

6.3　演化模型参数率定

6.3.1　率定期

选取 1980—2000 年为流域演化模型率定期进行参数率定。

6.3.2　基本数据及参数

流域演化模型参数选择主要有状态方程初始值的赋予、变化率的计算、表函数的建立以及比率系数的确定。模型中大部分变量的初始值均根据 1980 年的实际统计数据赋予；其中，第一、第二、第三产业节水固定资产等初始值是根据当前节水水平、节水量及节水成本等资料间接推算得到的。表 6.14 给出模型率定期状态方程初始值。

表 6.14　率定期状态方程初值

变量名称	变量代码及单位	古浪	凉州	民勤	永昌	金川
农田灌溉面积	Aia/万亩	28.39	137.22	92.97	48.40	12.44
林草灌溉面积	$Awala$/万亩	1.70	1.79	3.45	1.40	0.60
城市人口	Cp/万人	0.85	9.58	0.89	3.11	5.06
农村人口	Ap/万人	27.51	66.56	23.14	16.60	4.62
第二产业产值	Hiv/亿元	0.04	0.43	0.06	1.24	6.11
第二产业万元产值用水	$Hivw$/（m³/万元）	180.70	180.70	180.70	180.70	180.70
第二产业重复用水量	$Hirw$/万 m³	2.63	31.42	4.11	89.67	441.67
第二产业节水固定资产	Hfa/万元	7.28	86.94	11.38	248.12	1222.12
第三产业产值	Liv/亿元	0.03	0.31	0.04	0.90	4.42
第三产业万元产值用水	$Livw$/（m³/万元）	180.70	180.70	180.70	180.70	180.70
第三产业重复用水量	$Lirw$/万 m³	1.90	22.75	2.98	64.93	319.83
第三产业节水固定资产	Lfa/万元	5.26	62.94	8.24	179.66	884.98
农业节水固定资产	Afa/万元	381.95	1544.50	614.05	859.95	445.78

6.3.2.1　地表水子单元

地表水子单元参数包括主河道河长 l_d、主河道过水断面面积 Fs、地理势能系数 kz、效率势能系数 ke、制度势能系数 ka 和水资源流量系数 K。主河道河长 l_d 是采用 ArcGIS 工具对河道河长概化得到。主河道过水断面面积 Fs 是根据主河道平均流量和流速推算得出。在 1980—2000 年期间，石羊河流域地理势能和效率势能发挥了主导作用，由于历史原因，水资源使用权制度没有发挥作用，因此，设置制度势能系数 $ka = 0$。地理势能系数 kz、效率势能系数 ke 和流量系数 K 通过对流域演化模型率定得到，见表 6.15。

表 6.15　地表水资源分配参数

参数	古浪县	凉州区	民勤县	永昌县	金川区
地理势能系数 kz	1.2	2.4	13.0	4.0	3.0
效率势能系数 ke	0.2	0.2	0.5	0.4	0.7
制度势能系数 ka	0.0	0.0	0.0	0.0	0.0
水资源流量系数 K	1.0	1.0	1.0	1.0	1.0

6.3.2.2　水资源子单元

在水资源子单元中主要数据是地下水供水量 WFG 表函数，地下水供水量以实际开采量作为 1980—2000 年地下水供水量。

6.3.2.3　人口子单元

人口子单元中表函数包括城市人口出生率 $CBRA$、城市人口死亡率 $CDRA$、农村人口出生率 $ABRA$、农村人口死亡率 $ADRA$ 和理论城市化水平 $URBP$。这些表函数是利用 matlab 语言计算得出的，由于数据较多，这里不再罗列。

6.3.2.4　农业子单元

农业子单元涉及的表函数较多，包括农田规划面积增长率 $AIARA$、林草规划面积增长率 $AWALARA$、农田灌溉用水定额 MIQ、林草灌溉用水定额 $AWAD$、牲畜数目 DP、牲畜用水定额 $AWLLD$ 和农村居民生活用水定额 $AWLAD$ 等。由于农田灌溉用水量、林草灌溉用水量和农村生活用水量占到农业子单元较大用水比例，这里仅罗列农田灌溉定额、林草灌溉定额和农村人均用水定额，见表 6.16、表 6.17 和表 6.18。

表 6.16　率定期农田灌溉定额　　　　　　　　　　单位：m^3/亩

年份	古浪县	凉州区	民勤县	永昌县	金川区
1980	480	815	806	553	553
1985	490	871	770	522	522
1990	401	723	730	500	500
1995	454	699	695	480	480
2000	514	729	659	458	458

表 6.17　率定期林草灌溉定额　　　　　　　　　　单位：m^3/亩

年份	古浪县	凉州区	民勤县	永昌县	金川区
1980	507	244	406	406	406
1985	480	242	465	465	465
1990	483	243	661	661	661
1995	482	238	592	592	592
2000	503	237	432	432	432

表 6.18   率定期农村人均用水定额   单位：L/（人·d）

年份	古浪县	凉州区	民勤县	永昌县	金川区
1980	18	25	20	20	20
1985	20	25	40	40	40
1990	23	30	35	35	35
1995	25	30	35	35	35
2000	30	40	45	45	45

6.3.2.5   城市生活子单元

城市生活子单元的表函数主要是城镇人均用水定额 $RWTPA$，见表 6.19。

表 6.19   率定期城镇人均用水定额   单位：L/（人·d）

年份	古浪县	凉州区	民勤县	永昌县	金川区
1980	60	50	50	50	50
1985	85	56	56	56	56
1990	103	62	62	62	62
1995	110	70	70	70	70
2000	155	80	80	80	80

6.3.2.6   第二、第三产业子单元

第二、第三产业子单元中表函数主要是重复用水投资成本 $LRWIC$。重复用水投资成本是联系重复用水率和第二、第三产业投资成本的参数，是计算重复用水量和取水量的关键。表 6.20 给出了第二、第三产业重复用水投资成本。

表 6.20   第二、第三产业重复用水投资成本

重复用水率		0.55	0.65	0.75	0.85	0.95
投资成本 /（元/m³）	第二产业	0.315	0.403	0.826	1.206	2.292
	第三产业	0.105	0.304	0.657	1.096	2.192

6.3.2.7   污水子单元

本模型中模拟的污水子单元较为简单，表函数仅有污水处理率 SHR，表 6.21 为率定期污水处理率。

表 6.21   率定期污水处理率

年份	古浪县	凉州区	民勤县	永昌县	金川区
1980	0.02	0.02	0.02	0.02	0.02
1985	0.04	0.04	0.04	0.04	0.04
1990	0.06	0.06	0.06	0.06	0.06
1995	0.08	0.08	0.08	0.08	0.08
2000	0.10	0.10	0.10	0.10	0.10

6.3.3 率定结果

模型模拟结果主要包括水资源子单元、人口子单元、农业子单元和第二、第三产业子单元中部分结果。由于模拟结果较多，限于篇幅，这里给出一些较为重要的且有统计数据方便比较的结果。

6.3.3.1 地表水子单元

由于仅有 1980 年、1985 年、1990 年、1995 年和 2000 年地表水供水数据，这里仅列出 5 个年份地表水量模拟结果，见表 6.22。

表 6.22 地表水分配量模拟结果

年份	模拟结果	古浪县	凉州区	民勤县	永昌县	金川区
1980	实际值/万 m³	9818.74	35345.77	19879.18	86107.82	8188.48
	模拟值/万 m³	9822.43	35395.72	19874.82	86059.35	8187.68
	相对误差/%	0.04	0.14	-0.02	-0.06	-0.01
1985	实际值/万 m³	9372.19	33738.27	18975.09	82191.70	7816.07
	模拟值/万 m³	9409.54	33963.70	18835.55	82063.94	7820.60
	相对误差/%	0.40	0.67	-0.74	-0.16	0.06
1990	实际值/万 m³	8925.65	32130.77	18071.00	78275.58	7443.67
	模拟值/万 m³	9000.00	32523.42	17775.45	78096.81	7450.99
	相对误差/%	0.83	1.22	-1.64	-0.23	0.10
1995	实际值/万 m³	8479.10	30523.27	17166.91	74359.46	7071.26
	模拟值/万 m³	8554.50	30805.43	17144.47	74020.88	7074.72
	相对误差/%	0.89	0.92	-0.13	-0.46	0.05
2000	实际值/万 m³	7663.40	27586.91	15515.44	67206.02	6391.00
	模拟值/万 m³	7759.50	27534.34	15930.71	66784.30	6353.92
	相对误差/%	1.25	-0.19	2.68	-0.63	-0.58

从表 6.22 可以看出，流域演化模型计算的地表水分配量与统计数据比较接近，相对误差在 ±3% 以内。因此，水资源分配满足水资源势能规律的假设是成立的，水资源分配理论可以描述地表水分配规律，水资源分配满足运动方程和连续方程。

6.3.3.2 人口子单元

人口子单元中主要模拟结果包括自然增长率、城市化水平和总人口。

（1）自然增长率。人口子单元中的人口自然增长部分模拟结果用人口自然增长率来表示。本模型中的人口自然增长率是人口出生率和人口死亡率之差。从图 6.3 可以看出，用 Sharpe-Lotka 方程模拟石羊河流域人口自然增长情况，计算结果与统计结果较为接近。

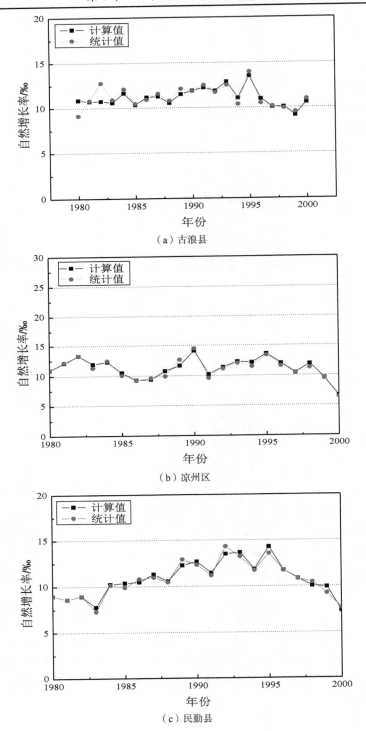

（a）古浪县

（b）凉州区

（c）民勤县

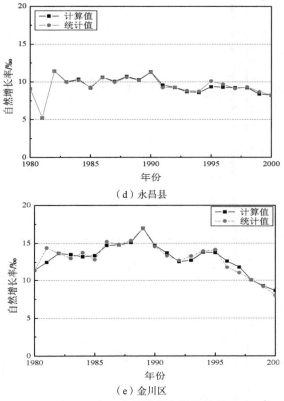

（d）永昌县

（e）金川区

图 6.3 人口自然增长率模拟结果

（2）城市化水平。城市化水平是农村人口迁往城市的主要描述参数。石羊河流域 5 个区县的城市化水平与统计值比较，本模型采用的农村人口迁往城市的 Keyfitz 模型能较好的模拟石羊河流域的城市化水平，如图 6.4 所示。

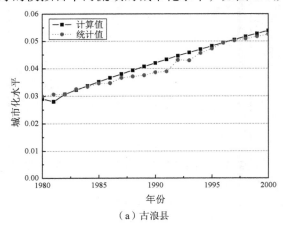

（a）古浪县

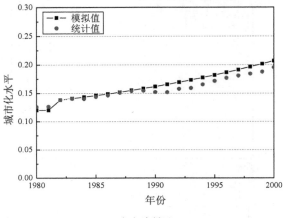

（b）凉州区

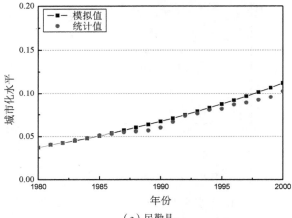

（c）民勤县

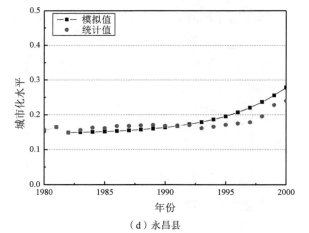

（d）永昌县

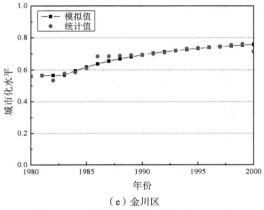

（e）金川区

图 6.4　城市化水平模拟结果

（3）总人口。总人口包括了自然增长人口、一般迁移人口和生态迁移人口，因此，总人口是体现人口子单元模拟精度总体水平的指标之一。本模型中的石羊河流域 5 区县总人口模拟结果如图 6.5 所示。

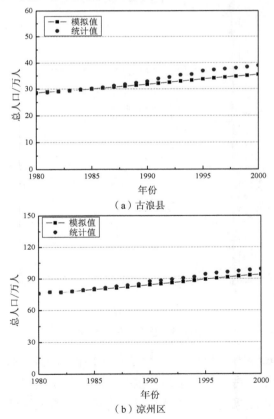

（a）古浪县

（b）凉州区

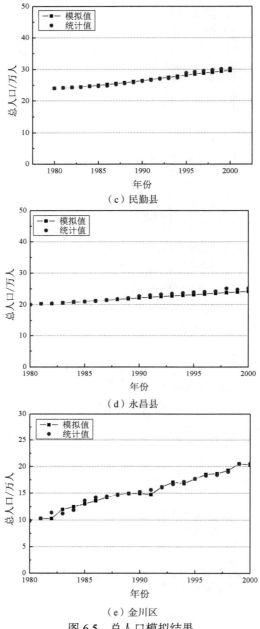

（c）民勤县

（d）永昌县

（e）金川区

图 6.5　总人口模拟结果

　　从图 6.3 至图 6.5 中可以看出，人口子单元模拟的 1980—2000 年石羊河流域五县（区）总人口中：古浪县模拟结果较差；凉州区模拟结果一般；而民勤县、永昌县和金川区模拟结果与实际统计结果较为接近，模拟结果相对较好。

6.3.3.3 农业子单元

农业子单元中主要模拟结果包括农田灌溉面积、林草灌溉面积和农业总产值等指标。

（1）农田灌溉面积。农田灌溉面积变化不仅受到农田规划灌溉面积增长率的影响，还受到节水压力的影响，因此，农田灌溉面积变化幅度较大（图6.6）。

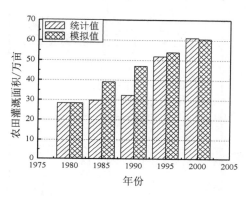

（a）古浪县

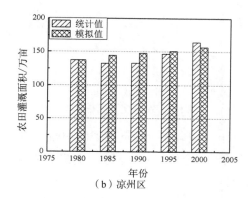

（b）凉州区

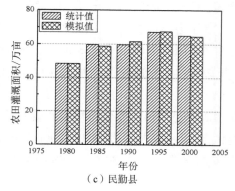

（c）民勤县

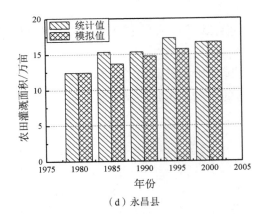

（d）永昌县

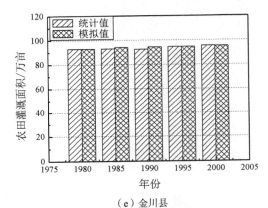

（e）金川县

图 6.6　农田灌溉面积模拟结果

从图 6.6 中可以看出，流域演化模型模拟的 1980—2000 年民勤县和永昌县的农田灌溉面积与统计结果拟合较好；古浪县、凉州区和金川区模拟结果与统计结果有差距，精度相对较差。

（2）林草灌溉面积。林草灌溉面积变化率主要受到规划灌溉面积增长率和节水压力的影响，由于节水压力指标相对变化幅度较大，造成林草灌溉面积的变幅也较大（图 6.7）。从图 6.7 中可以看出，流域演化模型模拟的古浪县和民勤县林草灌溉面积与统计结果较为接近；凉州区、永昌县和金川区林草灌溉面积与统计结果差距较大。

（3）农业总产值。农业总产值主要包括粮食产值和牲畜产值，石羊河流域古浪县、凉州区、民勤县、金川区和永昌县 1980—2000 年的农业总产值模拟结果见图 6.8。流域演化模型模拟的古浪县 1980 年、1985 年和 1990 年农业总产值与统计结果近似，1995 年和 2000 年与统计结果差距较大；凉州区、民勤县、永昌县和金川区的农业总产值模拟结果与统计数据拟合较好。

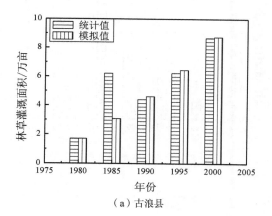

（a）古浪县

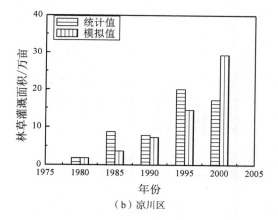

（b）凉川区

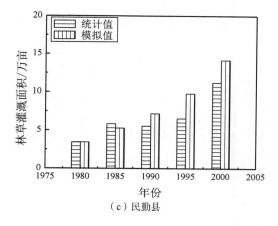

（c）民勤县

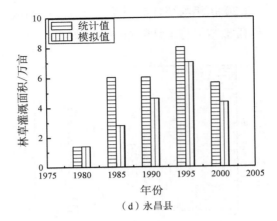

（d）永昌县

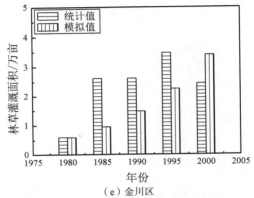

（e）金川区

图 6.7　林草灌溉面积模拟结果

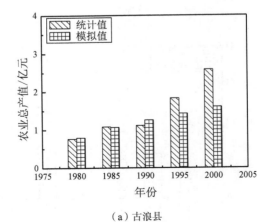

（a）古浪县

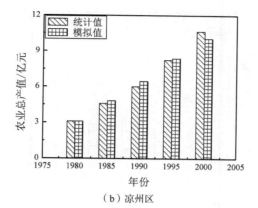

（b）凉州区

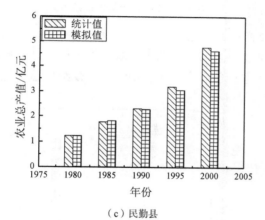

（c）民勤县

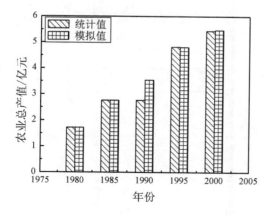

（d）永昌县

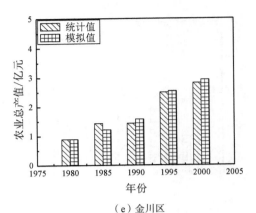

（e）金川区

图 6.8　农业总产值模拟结果

6.3.3.4　第二、第三产业子单元

　　第二、第三产业子单元的模拟结果有总产值、用水量、重复用水量、节水固定资产等指标。由于总产值有实际统计值，这里仅给出总产值指标见图 6.9。

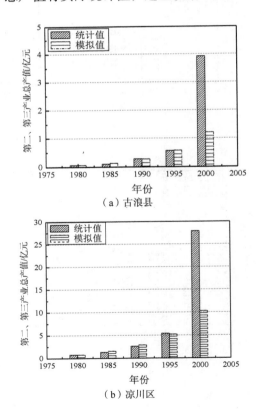

（a）古浪县

（b）凉川区

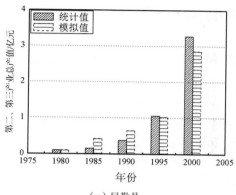

（c）民勤县

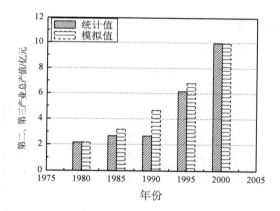

（d）永昌县

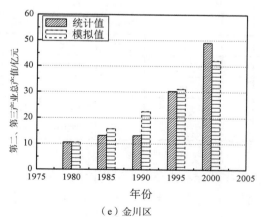

（e）金川区

图 6.9　第二、第三产业总产值模拟结果

6.4　流域演化方向预测

采用率定期率定的参数预测未来年份流域社会经济发展状况和发展方向。

6.4.1　预测期

模型预测期为 2000—2030 年，其中，近期规划水平年为 2010 年，远景规划水平年份为 2020 年和 2030 年。

6.4.2　基本数据

预测期基本数据主要包括状态方程初始值、节水力度、水资源环境保护和水污染治理等。

6.4.2.1　状态方程初始值

2000 年状态方程初始值见表 6.23。

表 6.23　预测期状态方程初始值

变量名称	变量代码及单位	古浪县	永昌县	金川区	凉州区	民勤县
农田灌溉面积	Aia/万亩	61.10	65.01	16.71	164.35	95.45
林草灌溉面积	$Awala$/万亩	8.68	5.65	2.44	17.16	11.2
城市人口	Cp/万人	2.05	6.03	14.66	19.35	3.11
农村人口	Ap/万人	36.03	18.80	5.06	78.14	25.52
二产产值	Hiv/亿元	2.27	5.78	28.46	16.17	1.90
二产万元产值用水	$Hivwl$/（m³/万元）	153.00	153.00	153.00	150.30	153.00
二产重复用水量	$Hirw$/万 m³	160.05	406.57	2002.7	1138.1	133.7
二产节水固定资产	Hfa/万元	454.8	1155.4	5691.0	3234.1	378.0
三产产值	Liv/亿元	1.65	4.18	20.61	11.71	1.38
三产万元产值用水	$Livwl$/（m³/万元）	153.00	153.00	153.00	153.00	153.00
三产重复用水量	$Lirw$/万 m³	125.98	320.02	1576.3	895.80	105.24
三产节水固定资产	Lfa/万元	329.36	836.64	4121.0	2342.0	275.14
农业节水固定资产	Afa/万元	1292.9	2720.0	1410.0	5329.0	2381.7

6.4.2.2　节水力度

参考《节水灌溉技术标准选编》《西北地区水资源合理配置和承载能力研究》和甘肃省大型灌区的经验，确定未来规划年份农田灌溉定额和林草灌溉定额，见表 6.24 和表 6.25。

表 6.24 预测期农田灌溉定额 单位：m³/亩

年份	古浪县	凉州区	民勤县	永昌县	金川区
2000	514	729	659	458	458
2005	497	605	605	450	450
2010	480	550	550	450	450
2015	470	525	525	450	450
2020	460	500	500	450	450
2025	450	475	475	450	450
2030	440	450	450	450	450

表 6.25 预测期林草灌溉定额 单位：m³/亩

年份	古浪县	凉州区	民勤县	永昌县	金川区
2000	503	237	432	432	432
2005	401	270	366	366	366
2010	300	300	300	300	300
2015	285	285	285	285	285
2020	270	270	270	270	270
2025	260	260	260	260	260
2030	250	250	250	250	250

编制规划年农村生活和城镇生活需水定额时，考虑城镇生活水平的不断提高和节水措施的推广，参考《中国水资源现状评价和供需发展趋势分析》、甘肃省水利发展"十五"规划、2015 年长远规划和《石羊河流域节约用水规划》[1]进行对比分析确定，见表 6.26 和表 6.27。

表 6.26 预测期农村人均用水定额 单位： L/（人•d）

年份	古浪县	凉州区	民勤县	永昌县	金川区
2000	30	40	45	45	45
2005	40	45	45	45	45
2010	50	60	60	60	60
2015	60	65	65	65	65
2020	70	70	70	70	70
2025	75	75	75	75	75
2030	80	80	80	80	80

[1] 《石羊河流域节约用水规划》专题报告，2003

表 6.27　预测期城镇人均用水定额　　　　单位：L/（人·d）

年份	古浪县	凉州区	民勤县	永昌县	金川区
2000	155	80	80	80	80
2005	160	95	95	95	95
2010	165	110	110	110	110
2015	170	125	125	125	125
2020	175	140	140	140	140
2025	180	155	155	155	155
2030	185	170	170	170	170

6.4.2.3　水资源环境保护

石羊河流域水资源环境恶化主要体现在地下水持续超采，水资源环境保护是以限制地下水开采量来实现的。预测期地下水开采量的设置是以流域 2000 年的水资源利用调查数据为基础，根据可持续发展原则以及流域实际用水状况确定（表 6.28）。拟定在未来 15 年内逐步削减地下水超采，到 2020 年后石羊河流域地下水不再超采。

表 6.28　预测期地下水开采量　　　　单位：万 m³

年份	古浪县	凉州区	民勤县	永昌县	金川区
2000	4700	29390	14590	2270	0
2005	4700	29390	14590	2270	0
2010	3133	19593	9727	1513	0
2015	1567	9797	4863	757	0
2020	921	5759	2858	445	0
2025	921	5759	2858	445	0
2030	921	5759	2858	445	0

6.4.2.4　水污染治理

根据《河西走廊生态环境综合治理研究》（2004 年）确定污水处理率，见表 6.29。

表 6.29　预测期污水处理率

年份	古浪县	凉州区	民勤县	永昌县	金川区
2000	0.10	0.10	0.10	0.10	0.10
2005	0.15	0.15	0.15	0.15	0.15
2010	0.20	0.20	0.20	0.20	0.20
2015	0.25	0.25	0.25	0.25	0.25
2020	0.30	0.30	0.30	0.30	0.30
2025	0.35	0.35	0.35	0.35	0.35
2030	0.40	0.40	0.40	0.40	0.40

6.4.3 情景分析

情景分析是将历史尺度下，对区域发展可能出现的未来状况的描述，通常包括通向这一状况的途径及可能出现的多种多样状态。情景分析以构筑未来的情景为核心，情景的构筑包括 3 类：①状态情景，描述在某些特定的将来时期的系统状态以及该未来状态的合理性论证；②路径情景，描述和定义系统在现状条件下如何实现到达该未来状态的途径和对策；③多重情景，未来的系统状态和到达这一状态的途径是多重性，即至少应提供若干种可供选择的状态和途径。

6.4.3.1 情景设定

为分析石羊河流域水资源对社会、经济和环境影响，设计 4 种水资源分配情景，见表 6.30。

表 6.30　水资源分配情景描述

情景编号	情景描述
情景一	2000—2030 年石羊河流域采用自由竞争模式使用水资源，没有实施水资源使用权分配制度
情景二	2000—2030 年石羊河流域各县（区）严格实施水资源使用权分配制度
情景三	2000—2009 年石羊河流域各县（区）采用自由竞争模式使用水资源；2010—2030 年严格实施水资源使用权分配制度
情景四	2000—2019 年石羊河流域各县（区）采用自由竞争模式使用水资源；2020—2030 年严格实施水资源使用权分配制度

6.4.3.2 情景变量

由于基准年的选择对水资源使用权分配具有较大的影响，水资源使用权分配结果受到基准年耗水占用指标和经济社会发展指标的影响，因此，表 6.31 中情景二、情景三和情景四设定不同基准年。情景二、情景三和情景四的水资源使用权分配基准年设定为 2000 年、2010 年和 2020 年。

以 2000 年为基准年的情景二多年平均水资源使用权分配计算结果已在 6.2 节详细介绍；情景三基准年基本数据用情景一 2010 年的计算结果，权重系数、生态环境需水量等参数与情景二相同；情景四基准年基本数据用情景一 2020 年的计算结果，其他参数与情景二相同。采用第 4 章水资源使用权分配协商模型计算情景三和情景四多年平均水资源使用权分配，计算结果见表 6.31。

表 6.31　水资源使用权分配情景变量　　　　　　单位：亿 m³

水资源使用权	古浪县	凉州区	民勤县	永昌县	金川区	基本生态
情景二	0.46	5.67	4.18	1.86	1.45	0.63
情景三	2.97	4.53	2.36	2.38	1.37	0.63
情景四	4.49	3.42	1.73	2.56	1.41	0.63

由表 6.31 可以看出，水资源使用权分配越晚，上游分配到越多水资源，这是与水资源使用权分配原则之一——占用优先原则有关。因此，水资源使用权分配越晚，上游用水将会更多。

6.4.4　预测结果

根据表 6.30 的情景设置，预测 2000—2030 年水资源分配对计算区域经济社会发展影响。4 种情景下各区域社会经济预测结果见表 6.32～表 6.41，石羊河流域社会经济预测总结果如图 6.10 所示。

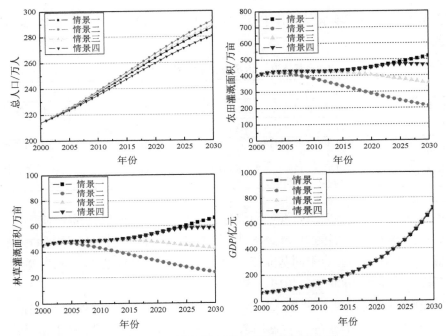

图 6.10　石羊河流域社会经济预测总结果

表 6.32　古浪县人口预测结果❶

年份	总人口/万人				农村人口/万人				城镇人口/万人			
	情景一	情景二	情景三	情景四	情景一	情景二	情景三	情景四	情景一	情景二	情景三	情景四
2000	38.95	38.95	38.95	38.95	36.90	36.90	36.90	36.90	2.05	2.05	2.05	2.05
2005	41.69	40.83	41.69	41.69	39.57	38.73	39.57	39.57	2.12	2.10	2.12	2.12

---

❶ 限于篇幅，表 6.32～表 6.41 仅显示 2000 年、2005 年、2010 年、2015 年、2020 年、2025 年和 2030 年计算结果。

续表

年份	总人口/万人				农村人口/万人				城镇人口/万人			
	情景一	情景二	情景三	情景四	情景一	情景二	情景三	情景四	情景一	情景二	情景三	情景四
2010	44.81	42.99	44.81	44.81	42.60	40.83	42.60	42.60	2.21	2.16	2.21	2.21
2015	48.31	45.41	46.38	48.31	46.01	43.19	44.13	46.01	2.30	2.23	2.25	2.30
2020	51.86	47.85	49.18	51.86	49.46	45.56	46.86	49.46	2.39	2.29	2.32	2.39
2025	55.32	50.10	51.83	53.57	52.85	47.77	49.46	51.15	2.47	2.33	2.37	2.42
2030	58.64	51.96	54.16	56.39	56.13	49.62	51.76	53.93	2.52	2.35	2.40	2.46

表 6.33 古浪县社会经济预测结果

年份	农田灌溉面积/万亩				林草灌溉面积/万亩				第二、第三产业产值/亿元				农业总产值/亿元			
	情景一	情景二	情景三	情景四	情景一	情景二	情景三	情景四	情景一	情景二	情景三	情景四	情景一	情景二	情景三	情景四
2000	61.10	61.10	61.10	61.10	8.68	8.68	8.68	8.68	3.92	3.92	3.92	3.92	1.61	1.61	1.61	1.61
2005	85.68	75.07	85.68	85.68	12.17	10.67	12.17	12.17	6.31	6.24	6.31	6.31	2.24	1.98	2.24	2.24
2010	120.17	76.21	120.17	120.17	17.07	10.83	17.07	17.07	10.17	9.74	10.17	10.17	3.13	2.03	3.13	3.13
2015	168.54	72.01	152.92	168.54	23.94	10.23	21.72	23.94	16.38	15.12	16.23	16.38	4.36	1.94	3.97	4.36
2020	232.32	65.93	166.96	232.32	33.00	9.37	23.72	33.00	26.33	23.39	25.52	26.33	5.98	1.82	4.34	5.98
2025	298.87	59.40	170.94	281.64	42.46	8.44	24.28	40.01	42.06	36.14	39.89	41.82	7.67	1.68	4.47	7.24
2030	358.73	53.29	170.89	298.44	50.96	7.57	24.28	42.40	66.73	55.83	62.22	65.59	9.20	1.56	4.50	7.69

表 6.34 凉州区人口预测结果

年份	总人口/万人				农村人口/万人				城镇人口/万人			
	情景一	情景二	情景三	情景四	情景一	情景二	情景三	情景四	情景一	情景二	情景三	情景四
2000	99.21	99.21	99.21	99.21	79.86	79.86	79.86	79.86	19.35	19.35	19.35	19.35
2005	104.36	105.71	104.36	104.36	84.42	85.62	84.42	84.42	19.87	20.09	19.87	19.87
2010	110.24	113.11	110.24	110.24	89.63	92.19	89.63	89.63	20.45	20.92	20.45	20.45
2015	116.79	121.35	119.07	116.79	95.49	99.56	97.53	95.49	21.05	21.79	21.54	21.05
2020	123.36	129.68	126.52	123.36	101.41	107.04	104.23	101.41	21.61	22.64	22.30	21.61
2025	129.48	137.69	133.58	125.40	107.03	114.37	110.39	103.39	22.45	23.32	22.88	22.01
2030	134.73	145.26	139.96	129.57	112.00	121.47	116.70	107.37	22.72	23.79	23.26	22.19

表 6.35 凉州区社会经济预测结果

年份	农田灌溉面积/万亩				林草灌溉面积/万亩				第二、第三产业产值/亿元				农业总产值/亿元			
	情景一	情景二	情景三	情景四	情景一	情景二	情景三	情景四	情景一	情景二	情景三	情景四	情景一	情景二	情景三	情景四
2000	164.35	164.35	164.35	164.35	17.16	17.16	17.16	17.16	27.88	27.88	27.88	27.88	10.34	10.34	10.34	10.34
2005	160.12	158.09	160.12	160.12	16.72	16.51	16.72	16.72	44.59	44.54	44.59	44.59	9.40	9.29	9.40	9.40
2010	138.31	135.49	138.31	138.31	14.44	14.15	14.44	14.44	70.56	70.43	70.56	70.56	8.23	8.07	8.23	8.23

续表

年份	农田灌溉面积/万亩				林草灌溉面积/万亩				二三产业产值/亿元				农业总产值/亿元			
	情景一	情景二	情景三	情景四	情景一	情景二	情景三	情景四	情景一	情景二	情景三	情景四	情景一	情景二	情景三	情景四
2015	108.87	111.38	112.94	108.87	11.37	11.63	11.79	11.37	110.74	110.95	111.09	110.74	6.63	6.77	6.86	6.63
2020	77.58	89.12	91.11	77.58	8.10	9.31	9.51	8.10	172.30	174.38	174.72	172.30	4.93	5.59	5.70	4.93
2025	52.33	69.74	72.22	54.94	5.46	7.28	7.54	5.74	266.85	273.53	274.37	267.96	3.60	4.58	4.72	3.74
2030	34.98	54.30	57.00	41.07	3.65	5.67	5.95	4.29	412.96	428.87	430.70	418.65	2.72	3.82	3.97	3.07

表 6.36　民勤县人口预测结果

年份	总人口/万人				农村人口/万人				城镇人口/万人			
	情景一	情景二	情景三	情景四	情景一	情景二	情景三	情景四	情景一	情景二	情景三	情景四
2000	30.27	30.27	30.27	30.27	27.16	27.16	27.16	27.16	3.11	3.11	3.11	3.11
2005	30.26	30.72	30.26	30.26	27.18	27.58	27.18	27.18	3.09	3.13	3.09	3.09
2010	30.28	31.25	30.28	30.28	27.22	28.09	27.22	27.22	3.07	3.17	3.07	3.07
2015	30.33	31.87	31.48	30.33	27.28	28.67	28.32	27.28	3.04	3.20	3.16	3.04
2020	30.32	32.46	31.92	30.32	27.31	29.22	28.74	27.31	3.02	3.24	3.18	3.02
2025	30.19	32.89	32.22	31.54	27.22	29.64	29.03	28.42	2.98	3.25	3.18	3.12
2030	29.76	32.95	32.14	31.34	26.84	29.72	28.99	28.27	2.91	3.24	3.15	3.07

表 6.37　民勤县社会经济预测结果

年份	农田灌溉面积/万亩				林草灌溉面积/万亩				第二、第三产业产值/亿元				农业总产值/亿元			
	情景一	情景二	情景三	情景四	情景一	情景二	情景三	情景四	情景一	情景二	情景三	情景四	情景一	情景二	情景三	情景四
2000	95.45	95.45	95.45	95.45	11.20	11.20	11.20	11.20	3.28	3.28	3.28	3.28	3.99	3.99	3.99	3.99
2005	84.47	89.69	84.47	84.47	9.91	10.52	9.91	9.91	5.21	5.24	5.21	5.21	3.52	3.73	3.52	3.52
2010	61.91	76.59	61.91	61.91	7.26	8.99	7.26	7.26	8.15	8.31	8.15	8.15	2.65	3.23	2.65	2.65
2015	42.38	63.98	45.62	42.38	4.97	7.51	5.35	4.97	12.68	13.15	12.76	12.68	1.90	2.76	2.03	1.90
2020	27.85	52.92	36.14	27.85	3.27	6.21	4.24	3.27	19.66	20.79	20.11	19.66	1.35	2.35	1.68	1.35
2025	17.64	43.24	28.89	18.93	2.07	5.07	3.39	2.22	30.39	32.84	31.70	30.57	0.99	2.01	1.44	1.04
2030	11.05	35.36	23.16	14.01	1.30	4.15	2.72	1.64	46.93	51.87	49.99	47.88	0.77	1.74	1.26	0.89

表 6.38　永昌县人口预测结果

年份	总人口/万人				农村人口/万人				城镇人口/万人			
	情景一	情景二	情景三	情景四	情景一	情景二	情景三	情景四	情景一	情景二	情景三	情景四
2000	25.13	25.13	25.13	25.13	19.10	19.10	19.10	19.10	6.03	6.03	6.03	6.03
2005	26.74	26.24	26.74	26.74	20.48	20.05	20.48	20.48	6.26	6.19	6.26	6.26
2010	28.57	27.51	28.57	28.57	22.05	21.13	22.05	22.05	6.52	6.37	6.52	6.52
2015	30.60	28.91	29.48	30.60	23.82	22.36	22.84	23.82	6.79	6.56	6.63	6.79
2020	32.66	30.32	31.10	32.66	25.61	23.58	24.26	25.61	7.05	6.73	6.84	7.05
2025	34.62	31.59	32.60	33.61	27.36	24.73	25.60	26.48	7.26	6.86	6.99	7.13
2030	36.47	32.60	33.87	35.16	29.05	25.68	26.79	27.92	7.41	6.91	7.08	7.24

表 6.39 永昌县社会经济预测结果

年份	农田灌溉面积/万亩				林草灌溉面积/万亩				第二、第三产业产值/亿元				农业总产值/亿元			
	情景一	情景二	情景三	情景四	情景一	情景二	情景三	情景四	情景一	情景二	情景三	情景四	情景一	情景二	情景三	情景四
2000	65.01	65.01	65.01	65.01	5.65	5.65	5.65	5.65	9.96	9.96	9.96	9.96	5.65	5.65	5.65	5.65
2005	82.70	77.96	82.70	82.70	7.19	6.78	7.19	7.19	15.96	15.87	15.96	15.96	7.00	6.61	7.00	7.00
2010	95.63	79.52	95.63	95.63	8.31	6.91	8.31	8.31	25.35	24.92	25.35	25.35	8.10	6.76	8.10	8.10
2015	103.89	76.23	101.87	103.89	9.03	6.62	8.85	9.03	40.04	38.90	39.96	40.04	8.81	6.52	8.65	8.81
2020	108.40	71.39	101.88	108.40	9.42	6.20	8.85	9.42	62.98	60.60	62.63	62.98	9.22	6.15	8.68	9.22
2025	110.44	66.44	99.38	109.07	9.60	5.77	8.64	9.48	98.87	94.35	97.92	98.76	9.43	5.77	8.51	9.31
2030	111.27	62.04	96.30	106.87	9.67	5.39	8.37	9.29	155.04	146.94	153.00	154.47	9.54	5.45	8.30	9.18

表 6.40 金川区人口预测结果

年份	总人口/万人				农村人口/万人				城镇人口/万人			
	情景一	情景二	情景三	情景四	情景一	情景二	情景三	情景四	情景一	情景二	情景三	情景四
2000	20.52	20.52	20.52	20.52	5.86	5.86	5.86	5.86	14.66	14.66	14.66	14.66
2005	21.53	21.83	21.53	21.53	6.37	6.50	6.37	6.37	15.16	15.33	15.16	15.16
2010	22.70	23.33	22.70	22.70	6.95	7.23	6.95	6.95	15.75	16.10	15.75	15.75
2015	23.94	24.95	24.61	23.94	7.60	8.05	7.90	7.60	16.34	16.90	16.71	16.34
2020	25.19	26.58	26.12	25.19	8.27	8.89	8.68	8.27	16.92	17.70	17.44	16.92
2025	26.30	28.11	27.51	26.90	8.93	9.75	9.48	9.20	17.36	18.36	18.03	17.70
2030	27.27	29.61	28.82	28.04	9.62	10.73	10.36	9.99	17.65	18.88	18.47	18.06

表 6.41 金川区社会经济预测结果

年份	农田灌溉面积/万亩				林草灌溉面积/万亩				第二、第三产业产值/亿元				农业总产值/亿元			
	情景一	情景二	情景三	情景四	情景一	情景二	情景三	情景四	情景一	情景二	情景三	情景四	情景一	情景二	情景三	情景四
2000	16.71	16.71	16.71	16.71	2.44	2.44	2.44	2.44	49.06	49.06	49.06	49.06	2.55	2.55	2.55	2.55
2005	15.81	16.69	15.81	15.81	2.31	2.44	2.31	2.31	77.88	78.26	77.88	77.88	2.25	2.38	2.25	2.25
2010	12.00	14.36	12.00	12.00	1.75	2.10	1.75	1.75	121.22	123.15	121.22	121.22	1.72	2.05	1.72	1.72
2015	8.54	11.74	9.12	8.54	1.25	1.71	1.33	1.25	187.65	192.95	188.72	187.65	1.24	1.69	1.32	1.24
2020	6.03	9.47	7.46	6.03	0.88	1.38	1.09	0.88	290.26	301.93	295.68	290.26	0.90	1.38	1.10	0.90
2025	4.31	7.63	6.23	4.57	0.63	1.11	0.91	0.67	449.53	472.44	464.11	451.78	0.66	1.13	0.93	0.70
2030	3.16	6.17	5.23	3.78	0.46	0.90	0.76	0.55	697.62	739.54	728.77	708.62	0.51	0.94	0.80	0.60

6.4.5 结果分析

从表 6.32 和表 6.33 中可以看出：古浪县在情景一下人口增长最多，其次是情景四和情景三，情景二下人口增长最慢；农田灌溉面积、林草灌溉面积和农业总产值在情景一、情景三和情景四下增大，在情景二下先增大后减小。第二、第三产业产值在 4 种情景下都在增加,在情景一下增长最快,在情景二下增长最慢。

从表 6.34 和表 6.35 可以看出:凉州区总人口在增加,在情景二下增长最多,在情景四下增长最小;农田灌溉面积、林草灌溉面积和农业总产值将会减少,情景一和情景四下减少速度最快,情景二和情景三下速度最慢;第二、第三产业产值和 GDP 值将会增加,情景二和情景三下增幅最大,情景一和情景四下增幅最小。

从表 6.36 和表 6.37 可以看出:民勤县人口在情景一下将会减小,在情景二、情景三和情景四下都会增长,但增长幅度很小;农田灌溉面积、林草灌溉面积和农业总产值在 4 种情景下都会减小,情景二减小速度最慢,情景一减小速度最快;第二、第三产业产值和 GDP 值在 4 种情景下,都持续增长。

从表 6.38 和表 6.39 可以看出:永昌县人口、第二和第三产业产值及 GDP 值在 4 种情景下都会增加,情景一下增长幅度最大,情景二下增长幅度最小;农田灌溉面积、林草灌溉面积和农业总产值在情景一、情景三和情景四下增大,在情景二下先增大后减小。

从表 6.40 和表 6.41 可以看出:金川区人口、第二和第三产业产值及 GDP 值在 4 种情景下均有不同程度增长,情景一下增长最少,情景二下增长最多;农田灌溉面积、林草灌溉面积和农业总产值在 4 种情景下都在减少。

从图 6.13 可以看出:石羊河流域 2000—2030 年总人口在 4 种情景下增加,情景四下增幅最小,情景二下增幅最大;农田灌溉面积、林草灌溉面积和农业总产值在情景一和情景四下增加,在情景二和情景三下减小;第二、第三产业产值和 GDP 值 4 种情景下都会增加,在情景二和情景三下增幅最大,在情景一下增幅最小。

根据情景预测结果,可以得出以下结论:

(1)水资源分配对上游区域产生制约作用,对下游区域产生积极作用。古浪县位于石羊河流域上游,实施水资源使用权制度后,社会经济发展速度明显变缓;凉州区和民勤县位于石羊河流域中游和下游,实施水资源使用权制度将会对经济社会发展起到积极作用;永昌县在实施水资源使用权制度后将会对社会经济发展起到制约作用;位于石羊河流域下游的金川区,实施水资源使用权制度比不实施效果要好。可以说,水资源分配对上游区域产生制约作用,对下游区域产生积极作用。

(2)地下水资源对社会经济发展影响较大。从计算结果分析,停止超采地下水将会对石羊河流域经济社会产生较大影响。当前石羊河流域的经济社会持续稳定发展是建立在地下水大规模超采、生态环境不断恶化的基础上的,长期来讲是不可持续的、不符合科学发展观要求的。如果维持当前的超采水平，石羊河流域仍然可以维持一段时间的持续稳定发展，但是生态环境会不断恶化，地下水将在不远的将来接近枯竭。本研究中的 4 种情景均是以不超采地下水为前提，计算结果显示，如果不超采地下水，三大产业中农业发展受到影响最大，农田灌溉面积将会萎缩，农业总产值将会减小。

（3）实施水资源使用权制度比不实施水资源使用权制度要好，越早实施水资源使用权制度越好。实施水资源使用权制度后，流域第二、第三产业产值和 GDP 值增长幅度大于不实施水资源使用权制度。实施水资源使用权制度后，由于扣除了生态环境需水量，使得社会经济用水减少，流域农业发展受到一定程度的影响，但是上下游保持均衡发展；如果未来年份不实施水资源使用权制度，尽管流域农业保持增长趋势，但是这种增长是以各县（区）发展不平衡为基础的。其中，由于上游区域占据地理优势，上游优先发展，因此，上游区域大幅度增长，而下游受到来水限制，下游出现严重萎缩现象。越早实施水资源使用权制度，流域下游社会经济衰退现象就会越早被遏制，同时，制度实施起来也会更加容易。

6.5 小结

应用第 5 章流域演化模型模拟石羊河流域 1980—2000 年社会经济状况，结果显示：水资源分配理论模拟地表水分配量精度较高；流域演化模型模拟的石羊河流域水资源运动状况和社会经济发展状况与实际统计结果较为接近。

结合第 4 章水资源使用权分配协商模型和流域演化模型对未来石羊河流域演化方向进行判断，结果表明：水资源分配对石羊河流域上游区域的经济社会发展产生制约作用，对下游区域产生积极作用；石羊河流域地下水资源对社会经济发展影响较大，未来年份，石羊河流域如果不超采地下水，农业这一大的经济支柱产业将会受到不同程度影响；实施水资源使用权制度比不实施水资源使用权制度要好，越早实施水资源使用权制度越好，如果要保持石羊河流域的良性发展，即上下游均衡发展和生态环境保护，需要尽早实施水资源使用权制度。

第7章 结论与展望

7.1 研究成果

（1）根据水资源流动特性及水资源开发利用的竞争特性，构建了描述水资源分配的水资源势能模型。

1）借助重力势能和电势能的概念，定义水资源势能为流域系统内任一用水对象点由于受到地理动力、效率动力和制度动力的作用产生的该点处的势能。水资源势能处于几种动力综合作用的水资源势能场中。水资源势能的客体是流域中的水资源量，水资源势能的主体是流域中使用水资源的用水对象（人或物），水资源势能场就是一个以主体和客体为基本框架的系统。水资源势能概念的引入，有益于人们理解水资源分配内在机制。

2）根据热力学观点，自然界中的物体都具有能量，普遍的趋势是物体由能量高的状态向能量低的状态运动，最终达到能量的平衡状态。将热力学基础应用于水资源分配理论中，推导出水资源势能微分方程表达式。水资源分配动力方程，有益于人们分析水资源转移的时空方向。

（2）将水资源分配阶段划分为生态安全阶段、生态临界-农业增长阶段、生态临界-工业增长阶段、生态破坏-农业增长阶段、生态破坏-工业增长阶段和生态恢复阶段。分析全国71个二级流域2000年所处的水资源分配阶段，结果显示：

1）2000年，处于生态安全阶段的二级流域有49个，处于生态临界-农业增长阶段的二级流域有1个，处于生态临界-工业增长阶段二级流域有3个，处于生态破坏-农业增长阶段二级流域有4个，处于生态破坏-工业增长阶段二级流域有5个，处于生态恢复阶段的二级流域有9个。

2）从生态安全阶段到生态恢复阶段，水资源利用率增大，人均水资源量、亩均水资源量和人均耕地面积减小，人均粮食产量增大，人均社会经济耗水量和万元产值耗水定额先增大后减小。

3）黄河流域、长江流域、淮河流域和海河流域中，上游二级流域的82%处于生态安全阶段；中游二级流域的83%也处于生态安全阶段；下游有27%的二级流域处于生态破坏阶段，18%的二级流域处于生态恢复阶段。

4）湿润区 84%的流域处于生态安全阶段；半湿润区 7%的流域处于生态临界状态，21%的流域处于生态破坏阶段，17%的流域处于生态恢复阶段；3 个半干旱区的生态环境全部受到破坏，2 个流域正处于生态恢复阶段；7 个干旱区中有 6 个流域处于生态安全阶段，河西走廊内陆河流域处于生态破坏-工业增长阶段。

实证分析黄河流域和石羊河流域，结果表明，自 1985 年以来两个流域一直处于生态破坏-工业增长阶段；未来，如果制度势能发挥主要作用，流域将会进入生态临界-工业增长阶段，否则，流域继续停留在生态破坏-工业增长阶段。

（3）建立水资源使用权分配协商模型，以 2000 年为基准年分配石羊河流域不同来水条件下水资源使用权。

多年平均地表水资源分配结果为：古浪县分配水量为 0.46 亿 m³，凉州区分配水量为 5.67 亿 m³，民勤县分配水量为 4.18 亿 m³，永昌县分配水量为 1.86 亿 m³，金川区分配水量为 1.45 亿 m³，基本生态环境分配水量为 0.63 亿 m³。

（4）在水资源分配理论和水资源使用权分配协商模型研究基础上，建立流域演化模型。流域演化模型主要包括：地表水子单元，人口子单元，农业子单元，城市生活子单元，第二、第三产业子单元和污水子单元等。其中，地表水子单元应用水资源分配理论和水资源使用权分配协商模型建立；人口子单元中考虑了人口生态迁移使得该模型不仅适用于湿润区，也适用于干旱区。

采用流域演化模型对石羊河流域参数率定和检验，结果表明：水资源分配理论模拟地表水分配量精度较高；流域演化模型模拟的石羊河流域总人口、农田灌溉面积、林草灌溉面积、农业总产值和第二、第三产业总产值与实际统计数据较为接近。

（5）采用水资源使用权分配模型和流域演化模型对石羊河流域演化预测。主要结论如下：

1）水资源分配对上游区域产生制约作用，对下游区域产生积极作用。古浪县和永昌县在实施水资源使用权制度后，社会经济发展速度变缓；凉州区、民勤县和金川区位于石羊河流域中游和下游，实施水资源使用权制度将会对经济社会发展起到积极作用。

2）停止超采地下水将会对石羊河流域经济社会产生较大影响。如果不超采地下水，三大产业中农业发展受到影响最大，农田灌溉面积将会萎缩，农业总产值将会减小。

3）实施水资源使用权制度后，流域第二、第三产业产值和 GDP 值增长幅度大于不实施水资源使用权制度，流域农业发展受到一定的影响，但是保持均衡发展。如果未来年份不实施水资源使用权制度，尽管流域农业保持增长趋势，但是这种增长是以各县（区）发展不平衡为基础的。

7.2　主要创新点

（1）提出了以水资源势为基础的水资源分配动力方程。借助一般势能概念，类比流域中的水资源流动，定义水资源势能概念。将热力学基础应用于水资源分配理论中，推导出水资源势能理论微分方程表达式。假设水资源流量和水资源势能梯度成正比，建立水资源分配运动方程；根据能量守恒定律，推导出水资源分配连续方程；在水资源分配运动方程和连续方程基础上，建立水资源分配基本方程。

（2）以水资源在不同部门的消耗比例，提出了水资源分配阶段划分。由于地理势能、效率势能和制度势能发挥作用不同，使得水资源分配呈现出明显的阶段性。根据生态耗水比例、农业用水增长率、工业用水增长率和总用水增长率将水资源分配划分为六个阶段：生态安全阶段、生态临界-农业增长阶段、生态临界-工业增长阶段、生态破坏-农业增长阶段、生态破坏-工业增长阶段和生态恢复阶段。

（3）建立了水资源使用权分配协商模型。在前人建立的水资源使用权分配模型基础上，建立水资源使用权分配协商模型：分析比较并改进了群决策的权重系数计算方法，包括过半数、几何平均值、算术平均值和不满意度最小等 4 种准则确定原则重要性判断矩阵，针对水资源分配特点，采用 EM 法求权重系数。

（4）建立了水资源分配动力演化模型并应用于石羊河流域的演化分析。在水资源分配理论和水资源使用权分配协商模型研究基础上，采用系统动力学方法建立了流域系统演化模型，用于描述在水资源自由竞争制度条件下的水资源分配过程。将流域系统演化模型应用于石羊河流域，预测未来年份石羊河流域社会经济发展状况和流域演化方向。

7.3　工作展望

（1）水资源分配理论进一步完善。水资源子系统是一个三维系统，水资源分配理论亦可以求解三维问题，本书中将其简化为沿流域主河道的一维问题对其进行求解，后续工作可以建立三维水资源分配模型，对水资源分配方程进行求解；水资源分配理论是一个新生事物，不仅理论上需要逐步改善，实践上还需要在更多不同类型的流域展开应用研究，为进一步丰富、发展和完善理论总结经验。

（2）水资源分配阶段划分的纵向分析。在水资源分配阶段划分后，由于资料限制，没有找到国内的某个具体流域显示其水资源分配从一阶段到另一阶段的演化过程。后续研究，进一步搜集具体流域的长系列时间数据，对其演化过程进行实证分析。

（3）水资源使用权分配协商模型研究的深入。本书中主要研究了流域尺度水资源使用权分配协商模型，今后可继续研究水资源使用权在不同用户间的分配，对水资源使用权进行更为全面的研究。

（4）流域演化模型的进一步细化。后续研究中，重点在以下方面完善流域演化模型：水资源子系统中，考虑来水变化，模拟地表水来水丰平枯变化；经济子系统中，将宏观经济的投入产出模型引入流域演化模型中；生态环境子系统中，考虑生态环境子系统与其他子系统的反馈关系。

参考文献

[1] 钟华平. 黑河流域水资源使用权合理分配模式研究[D]. 南京：河海大学，2005.

[2] N Buras. 水资源科学分配[M]. 北京：水利电力出版社，1983.

[3] 王浩，王建华，秦大庸. 流域水资源合理配置的研究进展与发展方向[J]. 水科学进展，2004，15（1）：123-128.

[4] 赵建世. 基于复杂适应系统的水资源配置整体模型[D]. 北京：清华大学，2003.

[5] 马文正，袁宏源. 水资源系统模拟技术[M]. 北京：水利水电出版社，1983.

[6] 游进军. 水资源系统模拟理论与实践[D]. 北京：中国水利水电研究院，2005.

[7] 田伟. 水资源系统通用模拟理论与建模[D]. 北京：清华大学，2006.

[8] ReneF Reitsma, John C Carron. Object-oriented simulation and Evaluation of River basin operation[J]. Journal of Geographic Information and Decision Analysis,1997,1(1): 9-24.

[9] K haled K heiredin, Aly E L. Object oriented programming: A robus tool for water resources management[C]//Seventh Nile 2002 Conference, Comprehensive Water Resources Development of the Nile Basin: The Vision for the Next Century. Cairo,Egypt,1999：15-19.

[10] Larson R, Labadie J, Baldb M. MODSM decision support system for river basin water rights administration[J]. Proceedings of the First Federal Interagency Hydrologic Modeling Conference. Las Vegas, 1998, 11:19-23.

[11] Jha M K, Das Gupta A. Application of Mike basin for water management strategies in a watershed[J]. Water International, 2003, 28(1): 27-35.

[12] Engineering computer graphics laboratory, Brigham Young University. Watershed modeling system reference manual[J]. Brigham Young University, 368BCB, Provo, Utah 84602, 1998.

[13] Tahir H, Geoff P. Use of the IQQM simulation model for planning and management of a regulated river system[J].Intergrated Water Resources Management, IAHS Publ., 2001,272: 83-89.

[14] Fedra K. GIS and simulation models for water resources management: A case study of the Kelantan River, Malaysia[J]. GIS development, 2002(6): 39-43.

[15] 尚松浩. 水资源系统分析方法及应用[J].北京：清华大学出版社，2006.

[16] Vedula S, D N Kumar. An integrated model for optimal reservoir operation for irrigation of multle crops[J]. Water Resources Research, 1996, 32(4): 1101-1108.

[17] Ponnambalam K，B J Adams. Stochastic optimization of multi-reservoir systems using a heuristic algorithm: Case study from India[J].Water Resources Research, 1996, 32(3): 733-741.

[18] Babu S C, B T Nivas，G J Traxler. Irrigation development and environmental degradation in developing countries: A dynamic model of investment decisions and policy options[J]. Water Resources Management,1996,10(2): 129-146.

[19] Mckinney D C, X Cai. Multiobjective optimization model for water allocation in the Aral Sea basin. The 2nd American Institute of Hydrology (AIH) and Tashkent Institute of Engineerings for Irrigation (IHE) Conjunct Conference on the Aral Sea Basin Water Resources Problem[J]. Tashkent, Uzbekistan:AIH and IHE,1996.

[20] Mckinney D C, A Karimov, X Cai. Aral Sea regional water allocation model for the Amudarya River[R]. Environmental Policy and Technology Project：The United States Agency for International Development, 1997.

[21] 翁文斌，蔡喜明，王浩，等. 宏观经济水资源规划多目标决策分析方法研究及应用[J]. 水利学报，1995（2）: 1-11.

[22] Lee D J, R E Howitt. Modeling regional agricultural production and salinity control alternatives for water quality policy analysisi[J]. American Journal of Agircultral Economics, 1996, 78(1): 41-53.

[23] Tejada-Guibert J A, S A. Johnson and J. R. Stedinger. The value of hydrologic information in stochastic dynamic programming models of a multireservoir system[J]. Water Resources Research, 1995, 31(10): 2571-2579.

[24] Faisal I M, R A Young，J W Warner. An integrated economic hydrologic model for groundwater basin management[M]. Fort Collins, Colorado: Colorado Water Resources Research Institute, 1994

[25] 王顺久，侯玉，张欣莉，等. 中国水资源优化配置研究的进展与展望[J]. 水利发展研究，2002（9）.

[26] 李雪萍. 国内外水资源配置研究概述[J]. 海河水利，2002（5）.

[27] 王顺久,侯玉,张欣莉,等. 水资源优化配置理论发展研究[J]. 中国人口•资源与环境,2002, 12（5）: 79-91.

[28] Walmsley J J. Market forces and the management of water for the environment[J]. Water SA, 1995, 21(1): 43-50.

[29] Bjornlund H, Mckey J. Factor effecting water in rural water market[J]. Water Resources Research, 1998, 34:(6): 1563-1570.

[30] 胡振鹏，傅春，王先甲. 水资源产权配置与管理[M]. 北京：科学出版社，2003.

[31] 王先甲，肖文. 水资源的市场分配机制及其效率[J]. 水利学报，2001（12）: 26-31.

[32] 胡鞍钢，王亚华. 转型期水资源配置的公共政策:准市场和政治民主协商[J]. 中国软科学，2000（5）.

[33] 汪恕诚. 资源水利——人与自然和谐相处[M]. 北京：中国水利水电出版社，2003.

[34] 王浩,秦大庸,郭孟卓,等. 干旱区水资源合理配置模式与计算方法[J]. 水科学进展,2004,15（6）：689-694.

[35] 刘昌明,傅国斌,李丽娟. 西北水资源与生态环境建设[J]. 矿物岩石地球化学通报,2002,21（1）：7-11.

[36] Scott A, Goustalin G. The evolution of water rights[J].Natural resources Journal, 1995(35): 821-979.

[37] 杨力敏. 试论我国的水资源产权制度[J]. 人民珠江, 2001（05）：60-62.

[38] 王亚华. 中国水资源使用权结构变迁：科层理论与实证分析[J]. 北京：清华大学，2004.

[39] 沈满洪、陈锋. 我国水权理论研究述评[J]. 浙江社会科学，2002（5）：175-180.

[40] 常云昆. 黄河断流与黄河水权制度研究[M]. 北京：中国社会科学出版社，2001.

[41] 《中国水利史稿》编写组. 中国水利史稿上册[M]. 北京：水利电力出版社，1985.

[42] 《中国水利史稿》编写组. 中国水利史稿中册[M]. 北京：水利电力出版社，1985.

[43] 《中国水利史稿》编写组. 中国水利史稿下册[M]. 北京：水利电力出版社，1985.

[44] 宁立波，靳孟贵. 我国古代水权制度变迁分析[J]. 水利经济，2004，22（6）.

[45] 葛颜祥，等. 水权的分配模式与黄河水权的分配研究[J]. 山东社会科学，2002（4）：35-39.

[46] Robert R. Hearne, K. William Easter. Water allocation and water markets: An analysis of Gains-from-trade in Chile[R]. World Bank Technical Paper Number 315, 1995.

[47] John R. Teerink, Masahiro Nakashima. Water allocation, rights and pricing: Examples from Japan and the United States[R]. World Bank Technical Paper Number 198, 1993

[48] Jorge Nielsa, Rosa Duarte. An Economic Model for Water Allocation in North Eastern Spain [J]. Water Resources Development, 2001, 17(3): 397-410

[49] David D. Shively. Water rights reallocation in New Mexico's Rio Grande basin[J]. Water Resources Development, 2001, 17(3): 445-460.

[50] Monica Porto. The Brazilian water law: A new level of participation and decision making[J]. Water Resources Development,1998, 14(2): 175-182.

[51] 汪恕诚. 水权和水市场——谈实现水资源优化配置的经济手段[J]. 水电能源科学，2001，19（3）：1-5.

[52] 董文虎. 不同经济性质水的配置原则和管理模式——四论水权、水价、水市场[J]. 水利发展研究，2002（5）.

[53] 刘斌. 关于水权的概念辨析[J]. 中国水利，2003（1A刊）.

[54] 林有桢. "初始水权"试探[J]. 浙江水利科技，2002（5）：1-10.

[55] 张仁田，童利忠. 水权、水权分配与水权交易体制的初步研究[J]. 水利发展研究，2002(5).

[56] 陈锋. 水权交易的经济分析[D]. 杭州：浙江大学，2002.

[57] 蒋剑勇. 水权理论初论[J].浙江水利水电专科学校学报，2003（3）.

[58] 葛吉琦. 水权的确定和转让[J]. 中国水利，2003（4B刊）.

[59] 党连文. 流域初始水权确认中一些问题的思考[J]. 中国水利, 2004（2）.

[60] 葛敏. 水权初始分配模型探讨[D]. 南京：河海大学, 2004.

[61] Jerson Kelman & Rafael Kelman. Water allocation for economic production in a semi-arid region[J]. Water Resources Development. 2002,18(3): 391-407.

[62] 陈延安. 物理学中类比思维举列[J].松辽学刊（自然科学版）, 1998, 4（10）: 65-66.

[63] 童宝友. 势能的相对性[J]. 丹东纺专学报, 2003, 10（2）: 51-52.

[64] 孙树朋. 中学物理中势能概念的归纳和比较[J]. 中学物理教学参考, 2004, 33(1-2): 14-15.

[65] 贾世忠.论 Gibbs 方程的热力学本性及热力学函数的物理意义[J]. 大学物理, 2004, 23（1）.

[66] 雷志栋, 杨诗秀, 谢森传. 土壤水动力学[M]. 北京：清华大学出版社, 1988：1-75.

[67] 詹道江, 叶守泽. 工程水文学[M].3 版. 北京：中国水利水电出版社, 2003：9-10.

[68] 董增南. 水力学（上）[M]. 北京：高等教育出版社, 1995：76-122.

[69] 徐方军,王兰英. 美国 2000 年取水情况及历史变化分析[J]. 水利发展研究,2005(1):76-79.

[70] 夏军, 郑冬燕, 刘青娥. 西北地区生态环境需水估算的几个问题研讨[J]. 水文, 2002, 22（5）: 12-17.

[71] 刘昌明, 王礼先, 夏军. 西北地区水资源配置生态环境建设和可持续发展战略研究（生态环境卷）[M]. 北京：科学出版社, 2004.

[72] 宋郁东, 樊自立, 雷志栋, 等. 中国塔里木河水资源与生态问题研究[M]. 乌鲁木齐：新疆人民出版社, 2000：181-201.

[73] 岳超源. 决策理论与方法[M]. 北京：科学出版社, 2003.

[74] Stelios H. Zanakis, Anthony Solomon. Multi-attribute decision making: A simulation comparison of select methods[J]. European Journal of Operational research. 107(1998) : 507-529

[75] Thomas L. Satty. Decision-making with the AHP: Why is the principal eigenvector necessary[J]. European Journal of Operational research. 145(2003) : 85-91

[76] Michael P. Niemira, Thomas L. Satty. An analytic network process model for financial-crsis forecasting[J]. International Journal of Forecasting. 20(2004): 573-587

[77] T L Saaty. Ranking by eigenvector versus other methods in the analytic hierarchy process[J]. Appl. Math. Lett. 1998, 11(4): 121-125.

[78] 陈珽. 决策分析[M]. 北京：科学出版社, 1987.

[79] 汪党献. 水资源需求分析理论与方法研究[D]. 北京：中国水利水电科学研究院, 2002.

[80] Katsuhiko Ogata. System Dynamics[M]. Beijing：China Machine Press, 2004.

[81] 王其藩. 系统动力学[M]. 北京：清华大学出版社, 1993.

[82] 王海锋. 干旱区水资源利用模式与社会经济格局相互影响机制研究[D]. 北京：清华大学, 2005.

[83] 王培华. 清代河西走廊的水资源分配制度——黑河、石羊河流域水利制度的个案考察[J].

北京师范大学学报（社会科学版），2004，183（3）：91-98.

[84] 王远飞，张超. Logistic 模型参数估计与我国城市化水平预测. 经济地理，1997，17（4）：8-13.

[85] 宋健，于景元. 人口控制论[M]. 北京：科学出版社，1985.

[86] 王振营. 人口迁移的规律——不同条件下人口迁移模型研究[D]. 北京：中国人民大学，1991.

[87] 段成荣. 人口迁移研究原理与方法[D]. 重庆：重庆出版社，1997.

[88] Michael P Todaro. A Model of Labor Migration and Urban Unemployment in Less Developed Countries[J]. The American Economic Review，1969, 59(1):138-148.

[89] 肖文韬，孙细明. 托达罗人口流动行为模型的一个修正及其新解释[J]. 财经理论与实践，2003，24（121）：23-27.

[90] Michael J Greenwood, Gary L Hunt. Migration, Regional Equilibrium, and the Estimation of Compensationg Differentials[J]. The American Economic Review. 1991, 81（5）：1382-1390.

[91] George I Treyz, Dan S Rickman, Gry L Hunt. The dynamics of U.S. internal migration[J]. The Review of Economics and Statistics，2001:209-214.

[92] 王铮，丁金宏. 理论地理学概论[D]. 北京：科学出版社，1994：198-199.

[93] 白先春，凌亢，郭存芝. 区域人口城市化的趋势分析——以江苏省为例[J]. 人口与经济，2005，148（1）：39-43.

[94] 李新运，张晓青，吴玉林. 城市化人口模型的参数估计及应用实例[J]. 经济地理，1995，15（2）：82-86.

[95] 王忠静. 干旱内陆河区水资源承载能力与可持续利用模式研究[D]. 北京：清华大学，1998.

[96] 高彦春. 区域水资源供需协调分析及模拟预测[D]. 北京：中国科学院地理研究所，1998.

[97] 高彦春,刘昌明. 区域水资源系统仿真预测及优化决策研究——以汉中盆地平坝区为例[J]. 自然资源学报，1996，11（1）：23-32.

[98] 高彦春. 区域水资源供需协调评价的初步研究[J]. 地理学报，1997，52（2）：163-168.

[99] 陈成鲜,严广乐. 我国水资源可持续发展系统动力学模型研究[J]. 上海理工大学学报,2000,22（2）：154-159.

[100] 高彦春，于静洁，刘昌明. 气候变化对华北地区水资源供需影响的模拟预测[J]. 地理科学进展，2002，21（6）：616-624.

[101] 惠泱河，蒋晓辉，黄强，等. 二元模式下水资源承载力系统动态仿真模型研究[J]. 地理研究，2001，20（2）：191-198.

[102] 陈兴鹏，戴芹. 系统动力学在甘肃省河西地区水土资源承载力中的应用[J]. 干旱区地理，2002，25（4）：377-382.

[103] 谷国锋. 区域经济系统中的动力学方法与模型[J]. 东北师大学报自然科学版,2003,35(4)：88-93.

[104] 刘旭华，王劲峰，刘明亮，等. 中国耕地变化驱动力分区研究[J]. 中国科学 D 辑，地球科学，2005，35（11）：1087-1095.

[105] 水利部农村水利司. 节水灌溉技术标准选编[M]. 北京：中国水利水电出版社，1998.

[106] 王浩，陈敏建，秦大庸. 西北地区水资源合理配置和承载能力研究[M]. 郑州：黄河水利出版社，2003.

[107] 刘昌明，陈志恺. 中国水资源现状评价和供需发展趋势分析[M]. 北京：中国水利水电出版社，2001.

[108] 宋学锋，刘耀彬. 基于 SD 的江苏省城市化与生态环境耦合发展情景分析[J]. 系统工程理论与实践，2006（3）：124-130.

[109] 刘耀彬，宋学锋. 城市化与生态环境耦合模式及判别[J]. 地理科学，2005，25（4）：408-414.